开始困惑,便开始哲学
To find yourself, think for yourself

也许你可以这么想

刘小播 著

PHILOSOPHY
THINK
FOR YOURSELF

中国纺织出版社有限公司

图书在版编目（CIP）数据

也许你可以这么想 / 刘小播著 . -- 北京 ： 中国纺织出版社有限公司，2024.5
　　ISBN 978-7-5229-1487-9

Ⅰ . ①也… Ⅱ . ①刘… Ⅲ . ①思维科学—普及读物 Ⅳ . ①B80-49

中国国家版本馆 CIP 数据核字（2024）第 051523 号

责任编辑：向 隽 史 倩　　特约编辑：程 凯
责任校对：高 涵　　　　　　责任印制：储志伟

中国纺织出版社有限公司出版发行
地址：北京市朝阳区百子湾东里 A407 号楼　邮政编码：100124
销售电话：010—67004422　传真：010—87155801
http://www.c-textilep.com
中国纺织出版社天猫旗舰店
官方微博 http://weibo.com/2119887771
天津千鹤文化传播有限公司印刷　各地新华书店经销
2024 年 5 月第 1 版第 1 次印刷
开本：880×1230　1/32　印张：10
字数：200 千字　定价：68.00 元

凡购本书，如有缺页、倒页、脱页，由本社图书营销中心调换

自序
人生第一堂哲学课

苏格拉底说:"未经审视的人生是不值得过的。"傅佩荣老师也说过:"没有哲学的人生是盲目的,没有人生的哲学是空洞的。"哲学与人生好像有某种内在的联系,每个人在人生中都应该有点哲学思考,不是吗?尤其是我们现代人在遭遇各种迷茫失落之际,哲学能为我们认识自我和看待世界提供一种新的视角和思考方式。

几番思索后,我着手写作这本哲学读物,希望能成为很多人开启"人生第一堂哲学课"的契机。但是,接下来我就开始犯难了。看起来这个主题很明确,但当真正下笔的时候才发现,很多问题扑面而来,比如"到底是谁的人生?""什么是第一堂哲学课?""第一堂哲学课应该探讨什么问题?"等。那段时间我吃饭睡觉都在想这些问题,直到一天早上,边跑步边听《费曼超级学习法》音频课的时候突然受到了启发。"费曼学习法"中有一个简单的原则,那就是用简单通俗的语言将一个复杂的概念讲给别人听,只有上至八十岁的老奶奶、下至八岁的小孩都能听懂,才说明你真正掌握了这个知识。

我从中得到了两个启发:第一,哲学往往涉及抽象和复杂的概念,而启蒙意味着让初学者入门,如果能用简单的语言讲清楚,确实能起到哲学启蒙的作用;第二,我刚好也有一个十来岁的小孩,从小就听我讲一些哲学小故事,他经常提出一些问题,甚至引发我的深层思考。所以,我完全可以从小孩的视角出发,用小孩都能听懂的语言来阐述深刻的哲学问题,这刚好起到了哲学启蒙的作用,也符合"人生第一堂哲学课"的定位。

于是,我开始着手筹划这本书的内容结构。小孩总是有"十万个为什么",经常问出一些奇奇怪怪的问题,我也会将日常的生活点滴记录到网上。于是,我从过去几千条生活笔记中整理出了十多个最具有代表性的问题和对话,通过我和儿子睿之的对话,逐步展开与人生相关的哲学讨论。这些话题是一个由内而外展开的过程,从如何认识自我开始,到如何直面死亡结束,让我们从最深处到最远处,展开这场哲学之旅。

在这本哲学启蒙读物中,我会先用一章的内容介绍什么是哲学、哲学的由来、哲学的意义和作用等话题。主体内容分为两个部分:放大镜与指南针,这也是哲学提供给我们的两个视角和工具。第一,我们用哲学的"放大镜"观察自我,这部分我们会探讨自我、感知、体验、情绪、语言、经验、思维七个主题,这七个主题是由内而外逐步展开的;第二,用哲学的"指南针"指导人生,这部分我们会探讨热爱、道德、自由、公平、命运、意义、生死七个主题,这七个主题也是由内而外逐步展开。

关于自我:我是谁?这是一个经典的哲学问题,我们一生都在追寻自我、实现自我,那真正的自我到底是什么呢?这部分内容的三个关键词是意识、体验、意义,会从三个层次介绍"自我的本质"。

关于感知:当新生儿来到这个世界,从他们第一次睁开眼睛

自序　人生第一堂哲学课　|　003

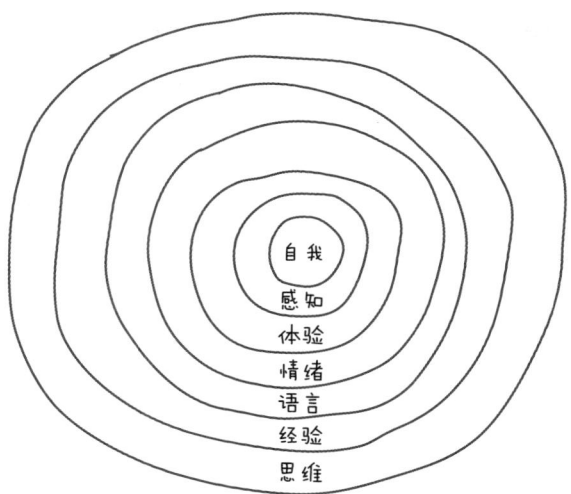

开始，生命之旅就开始了。感知是我们和世界建立链接的重要通道，也是我们理解自己和世界的重要方式，但我们感知到的就是真实的世界吗？这部分内容的三个关键词是感觉、感觉与料、感知，会带大家深入感知的内部，探究感知的本质是什么。

关于体验：人工智能的到来为"我是谁"这一话题带来了巨大挑战，人与人工智能有什么区别？哲学家告诉我们人工智能拥有经验，而体验才是人类独有的。这部分内容的三个关键词是感知、体验、生命，会带大家深入生命的底层，探寻生命的本质。

关于情绪：焦虑、抑郁等情绪问题经常困扰现代人，影响我们的身心健康。情绪的本质是什么？焦虑的本质是什么？情绪是如何产生的？这部分内容的三个关键词是感知、认知、情绪，会带大家从哲学和心理学的视角剖析人类情绪的底层逻辑。

关于语言：语言是我们理解世界的工具和符号，但是语言同时也塑造着我们对世界的理解。语言与自我、语言与世界之间是什么关系？这个问题并不简单，这部分内容的三个关键词是自我、语言、世界，会带大家分析人、语言、世界之间千丝万缕的关系。

关于经验：我们通过语言和符号记录感知，通过因果关系归纳出经验知识。经验是我们认识和理解世界的快捷方式，但经验常常充满了错误与偏见，那应该如何正确看待经验？这部分内容的三个关键词是现象、因果、经验，会带大家考察经验的本质。

关于思维：谈论提升认识的书很多，但是做思维的减法也同样重要。经验归纳、逻辑推理让我们增长知识，但知识的增长往往并没有给我们带来相应的幸福。老子说"少则得，多则惑"，或许不是我们知道得太少，而是我们想要的太多。这部分内容的三个关键词是思维、事实、观念，会带大家做思维的减法，介绍三种典型的提升思维的方法。

关于热爱：当躺平、内卷这些词经常出现在我们的视野，热爱就离我们越来越远。用自己喜欢的方式度过一生是很多人的梦想，但在今天却变成了奢望。热爱是我们生命的原动力，也是点燃我们生命能量的火种。这部分内容的四个关键词是热爱、直觉、情绪、想象力，会带大家走出自我和思维，来到真实的世界。

关于道德：东方哲学强调道德来自人的本性，西方哲学强调理性在道德中的作用。道德是本性还是理性？东西方哲学的不同告诉我们，答案并不是非此即彼、非黑即白的。这部分内容的三个关键词是良知、理性、道德，会带大家认识道德，以及道德在实践生活中的意义和价值。

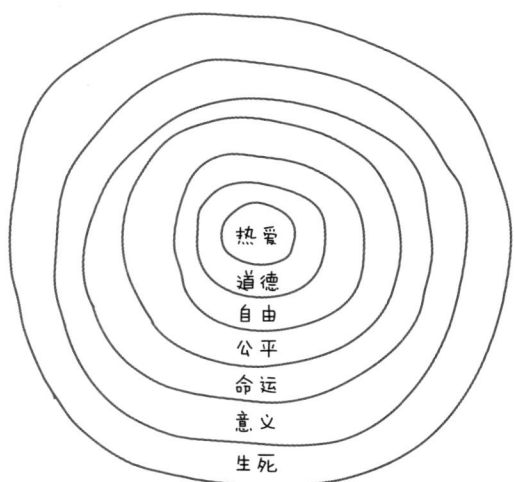

关于自由：生命诚可贵，爱情价更高，若为自由故，二者皆可抛。人人都渴望自由，如财富自由、精神自由等，但人有真正拥有自由吗？或者说人在多大程度上是自由的？这部分内容的三个关键词是自我、意志、责任，会带大家探求自由的本质。

关于公平：什么是正义？正义意味着平均分配吗？正义意味着人人平等吗？正义意味着幸福吗？正义意味着做符合道义的事情吗？古今中外哲学家有着不同的思想观点。这部分内容的三个关键词是公平、平等、道义，会带大家探讨正义与道德、理性、权力、幸福的内在关系。

关于命运：三分天注定，七分靠打拼。命运是什么？我们都知道生命中有很多我们无法掌控的东西，但是我们坚定地认为努力可以改变命运，这两种观念冲突吗？我们应该如何理解命运这么宏大的主题，如何看待充满不确定性的命运，如何将命运掌握在自己手中？这部分内容的三个关键词是努力、命运、结果，会带大家探讨影响命运的一些关键因素。

关于意义：其他动物只追求本能需求的满足，而人会追求本能需求之外的东西，也就是意义，或者说追求意义感是人的一种本能。当今很多人都在问：人生的意义是什么？我们应该如何思考和回答这个问题？这部分内容的三个关键词是工作、人生、意义，会带大家探讨"意义的意义"。

关于生死：生死是我们无法逃离的话题，但我们经常会回避它。我们之所以恐惧死亡，或许不是因为死亡会带给我们痛苦，而是因为它终结了"我"的存在。这部分内容的三个关键词是向死而生、夭寿不二、死生同状，会带大家了解三种看待死亡的不同视角，直面对死亡的畏惧。

人不仅仅追求吃饱穿暖，还会追求真、善、美。真、善、美是人类永恒的话题，也是我们追求的人生境界。在这本书的最后我也会和大家探讨如何找到真实的自己，如何过好良善的一生，如何感受生命之美。

书中的每个话题都会以我和睿之的对话展开。我会从一个个看似漫不经心、天马行空的问题出发，和大家一步步深入探讨这些看似简单的问题背后深刻的哲思，面对各种人生困惑，古今中外的伟大先哲们告诉你：也许，你可以这么想。

2024 年 1 月

目录

01 当哲学照进日常
从"哲学"二字说起 003
哲学究竟是什么？ 006
学习的本质 010
有用与无用 012
放大镜与指南针 015

02 自我：我是谁？
以前的我，还是现在的我吗？ 021
所有的意识都是自我意识 024
生命不是经验的集合 027
自我的意义是自我实现 028

03 感知：梦是真的吗？
从一个梦开始 037
你看到的世界是真实的吗？ 040

你看到了一个苹果吗？　　　　043
世界是"我"的表象　　　　　045

04 体验：人工智能会取代我们吗？

人工智能会取代老师吗？　　　055
人类和人工智能的关键区别　　058
成为运动员，而不是观众　　　061

05 情绪：你生气了吗？

情绪的本质　　　　　　　　　069
受到负面评价怎么办？　　　　073
焦虑是一种恐惧　　　　　　　076
爱攀比是因为你站得不够高　　080
焦虑的积极意义　　　　　　　084
不要让欲望超过能力　　　　　087

06 语言：我是一个坏孩子？

从语言暴力说起　　　　　　　097
语言并非世界的客观呈现　　　098
真的是PUA吗？　　　　　　　102
人是隐喻性的动物　　　　　　104
输在起跑线并不可怕　　　　　108

一场争夺主体性的斗争 110
通过语言拥有世界 114

07 经验：为什么要听你的？

为什么要听你的？ 123
罗素的火鸡 126
因果关系并不客观存在 129
三种因果关系 132

08 思维：如果别人不喜欢我怎么办？

有一个朋友叫"如果" 141
让思维化繁为简 143
如无必要，勿增想象 146
少则得，多则惑 149
每个系统都有第一性原理 152
你看到的只是部分事实 156

09 热爱：因为我喜欢啊！

你为什么画画？ 165
相信心灵的直觉 167
情绪的价值 170
不要让经验限制了你的想象力 173

10 道德：他是好人，还是坏人？

人人皆有良知？	181
心灵自有答案	184
美德即知识	187
道德即理性	191
知者过之，愚者不及	194
值得做的事情，不一定应该做	198

11 自由：我可以吗？

自由的边界是责任	205
自律即自由	208
消极自由和积极自由	211
存在绝对的自由吗？	214

12 公平：这公平吗？

人生是一场无限游戏	223
金钱与权利	227
怎么分蛋糕才公平？	232
不学问，无正义	235

13 命运：努力了还是没做好怎么办？

努力和结果哪个更重要？	243

你拥有的不一定就是应得的　　　247
如何看待命运？　　　251

14　意义：你为什么要工作？
工作的意义就是挣钱吗？　　　259
信念就像房间里的大象　　　265
工作的意义是什么？　　　268
人不只有幸福，还有责任　　　271

15　生死：人都会死吗？
神奇的药丸　　　281
向死而生　　　282
夭寿不二　　　285
万物一府，死生同状　　　287

结语　你相信光吗？
真：诚者自成　　　295
善：做一个善良的聪明人　　　297
美：生活需要审美视角　　　300
你，相信光吗？　　　303

当哲学照进日常

没有哲学的人生是盲目的,没有人生的哲学是空洞的。

——傅佩荣

哲学是我们认识自我和探求世界的思维工具,哲学的旨趣是爱智慧,追求智慧可以作为我们的一种生活方式。

从"哲学"二字说起

自从专职做哲学自媒体后,我几乎保持了日更的习惯。之前我经常在家里录视频,有时候睿之在家也会旁观,可能因为我经常在视频中讲"哲学",有一次他忍不住问我:"爸爸,什么是哲学?"这其实也是很多粉丝留言问我的问题,什么是哲学?为什么叫"哲学"?

首先,"哲"字在中文里面表示聪明、智慧,"哲"是很古老的文字,在《诗经》里面就出现了很多带有"哲"字的词语,比如睿哲、才哲、哲匠、哲尊、贤哲、先哲等。《诗经》中说:"**下武维周,世有哲王。**"古希腊哲学家柏拉图在《理想国》一书中提出了"哲人王"的理念,理想城邦的国王应该是有智慧的哲人,其实我国古代早已有这个说法。

"哲"字有聪明、智慧、贤德的意思,那为什么"哲"字能表达这个意思呢?"哲"字来自古代金文"悊",金文是汉字的一种书写名称,是铸造在殷商和周朝青铜器上的铭文,也叫钟鼎文，它是很古老的一种文字。金文"悊"字上部为"折"，表音；下部为"心"，表意。中文汉字的发明本来就非常有智慧，看到汉字你就知道怎么读，也大概知道表达什么意思。古人认为我们的"心"有思考和感知的能力，"心"也表示人的主观意识，也有智慧的意思。孟子说："**心之官则思，思则得之，不思则不得也。**"所以，在古文里"哲"字就有贤德、聪明、智慧的意思。

而"哲学"作为一门独立的学问起源于古希腊，古希腊文里面有一个词叫 Philosophia，这个词是 Philia 与 Sophia 两个希腊文的组合，分别表示爱与智慧，组合起来就是"爱智慧""追求智慧"的意思。而这个希腊文后来演变成今天我们看到的"哲学"的英文 philosophy。

把中文的"哲学"和英文 philosophy 对应起来的，是一位名叫西周的日本学者。他在 1874 年出版了《百一新论》，并在书的序言里正式把西方的 philosophy 翻译为"哲学"，表示"使人聪慧的学问"。

和西周差不多处于同时代的中国哲学家严复把 philosophy 翻译成"理学"，"理学"是古代儒家的一个学派，宋明时期的"程朱理学"是儒家学派的高峰之一，所以严复把 philosophy 翻译成了"理学"也有一定的合理性。但是，20 世纪初一些留学日本的中国学生和学者，最终还是选择了西周翻译的"哲学"。后来梁启超、章太炎等在日本待过的学者在他们的著作中都采用了"哲学"这个翻译，然后就一直沿用了下来。

和"哲学"类似的还有一个词叫"形而上学"，在很多人眼里"形而上学"表示一种僵化、保守的思想，但实际上这是一种误解。

那这两个词是怎么关联起来的呢？"哲学"作为一门单独的学科，始自古希腊哲学家亚里士多德的一本书《形而上学》。

当然，"形而上学"是中文的翻译，而这个翻译也和一位日本学者有关。《形而上学》其实不是亚里士多德本人所写，是后人整理而成的。后人整理的时候，把这本书排在了所有物理学著作的后面，表示这是一门比物理学还要基础的学问，所以它也被称为"物理学之后"或者"第一哲学"。

为什么叫"第一哲学"呢？这是因为古希腊的"哲学"其实和今天我们所说的"哲学"的概念不一样，有点类似于"知识"的意思，所有的"知识"都被笼统地称为"哲学"，而"形而上学"作为"第一哲学"，被认为是所有学科之母，是关于知识的知识，所以被排在了最基础的物理学之后，意思是比物理学更基础的学问。

而把"物理学之后"翻译为中文"形而上学"的，是日本明治时期的哲学家井上哲次郎，这个人对中国古代文化非常有研究。"形而上"出自《易经》中的"形而上者谓之道，形而下者谓之器"，"形而下"表示能被我们感知和体验到的事物，"器"表示有形的事物，是我们能感知的对象；而对应的"形而上"表示我们思维的对象，是有形事物之外的东西，而这刚好和亚里士多德"物理学之后"的意思类似。因此，亚里士多德的《物理学之后》被翻译成了《形而上学》。书中区分了哲学和其他学科，把哲学独立看成一门基础的学问。我们通常把哲学等同于形而上学，但严格来说，哲学比形而上学范围更广，"形而上学"或者"第一哲学"主要是指本体论哲学的部分，亚里士多德指出"形而上学"

主要是研究作为存在的存在和依自身的本性而属于存在的属性的科学。

其实关于亚里士多德的"形而上学",哲学家严复也有一个翻译,他翻译成"玄学"。但相较于"玄学","形而上学"这个翻译更为贴切,也被其他学者广泛使用,后来就一直沿用了下来,这就是"哲学"和"形而上学"的来源。

哲学究竟是什么?

不知道你有没有发现,我们经常夸一个小朋友很聪明,但是很少说他很智慧;我们经常赞美一个成年人有智慧,但是很少夸他很聪明。因为聪明与智慧是有本质区别的。前面我们说了哲学就是爱智慧,那到底什么是智慧呢?这个概念太模糊、太抽象了。我们经常用到"智慧"一词,但却很难说清楚什么是"智慧",尤其是哲学意义上的"智慧"。

首先,跟智慧很类似的一个词是智力,智力水平高,就是我们通常理解的聪明,一个小朋友智力很高,我们会说这个小朋友很聪明。但是智力和智慧是不一样的,"力"是一个形而下的概念,是我们可以感知的;"慧"是一个形而上的概念,是我们无法感知的,是一个抽象的概念。智力更多指的是先天的天赋,是与生俱来的。换句话说,智力的高低不是一个人努力决定的,是先天的禀赋。

而智慧不太一样,智慧跟一个人的人生阅历和反思能力相关,是在后天的实践中磨炼出来的一种思维、判断和认知能力。所以我们赞美一个人有智慧而不是聪明,更多的是赞美他的努力而不是天赋。相反,如果我们称赞一个成年人聪明,有时是带点贬义的,我们说"这个人有点小聪明",其实是说他缺乏智慧。

智慧与聪明的区别,是后天努力与先天禀赋的区别,是形而上和形而下的区别。

其次,后天的经历和经验就能形成智慧吗?显然也不是,智慧与经验是有区别的,我们想表达一个程序员、一个厨师、一个飞行员技术很好时,不会说这个人很有智慧,而是夸赞他很有经验或者技术水平很高。经验是建立在长时间实践基础上的,而智慧是对经验的抽象、归纳和领悟。智慧包括两类,一类是无法用语言抽象和理论化的"实践智慧",另一类是可以用语言抽象和理论化的"理论智慧"。

关于实践智慧,《庄子》中讲了一个很经典的"轮扁斫轮"的故事。有一天齐桓公在堂上读书,堂下做车轮的木工轮扁问他读的什么书,齐桓公回答说,是古代圣贤的书。轮扁嘲笑齐桓公说,古代人既然已经死了,他们的智慧也就随之消失了,齐桓公读的只不过是古人留下来的糟粕。齐桓公问为什么呢?

轮扁说,他已经七十多岁了,做了几十年的车轮,但是关于做车轮的手艺,依然不能传授给他的儿子。所以,古人去世了,他们的智慧就一起消失了,留下来的都不是真正的智慧。轮扁说的"智慧"就是"实践智慧"。实践智慧是指把经验内化到了身体感觉和记忆中，甚至内化成了本能，而且没办法用语言表达出来。就像梅西和C罗的球技再高超，他们也不可能将精湛的球技传授给儿子一样。

智慧的另外一种形式是理论智慧或者理性智慧。相较于实践，理论是可以用语言抽象、表达和传播的，理论关注的是事物的本质、必然性和普遍性。那从经验到理论知识，再到理论智慧，是如何形成的呢？

哲学家亚里士多德把人类知识的形成分为四个阶段：印象、记忆、经验和知识。

他说所有动物都有感觉，有感觉就能形成印象，对印象的长时间保留，就是记忆。大部分动物都有感觉和记忆，这不是人和动物的根本区别，而让人和动物逐渐拉开差距的，是人类能从很多相似的记忆中获得经验，而且我们还能把经验抽象成为理论知识。把知识用语言进行表达和传播，人类的文化才能传承下去。

比如一个木工师傅教徒弟做一条木凳，徒弟记住了师傅的做法，学几次就会了，于是徒弟有了做木凳的经验或者技术。但是经验只是对记忆的简单重复，徒弟只能做木凳，而师傅可以凭借木工的知识和理论做出桌子、门窗等其他物品。理论让我们的经验和能力得以迁移，这就像在学习中只记住题型和理解方法原理的差别。

亚里士多德总结了经验区别于知识和理论的四个关键特点：第一，经验以实用为目的；第二，经验是具体的、个别的；第三，经验来自对记忆的模仿；第四，经验需要手口相传，而不能纯粹靠语言和文字传播。因为经验大部分是内化在我们身体感觉和记忆里面的印象,如果不能把印象抽象成为概念和观念,就很难传播。所以我们看到古代的工匠都是师傅带徒弟,手把手教,这样做效率不高,原因在于师傅没有把经验形成知识或一套理论。

为什么理论知识更重要呢?因为,经验只告诉了我们"事物是什么",没有告诉我们"事物之所以是这样"的原因。经验关注现象,而理论知识关注现象背后的原因。经验是对现象的归纳,而理论知识是对原因的反思。

原因比现象更重要,因为是原因导致了现象,而且原因还有不同的层次。小明学习成绩很好的原因是他每天都认真听讲,认真完成作业。而他每天认真完成作业的原因,又是他立志要成为一名科学家。原因背后还有原因,如果按照这个逻辑不断去追问的话,那么理论上就存在一个"第一原因",这个原因就是所有事物存在的根本原因,而在它之前就没有其他原因了,它就是自己的原因。而这个"第一原因"就可以看成是万物的本原,关于万物本原的知识,我们称为最高的智慧。

智慧就是关于事物的基质和本原的知识。其中,基质表示构成事物最基本的元素或质料,我们称为基质;而本原是关于事物的根本原因,我们称为本原,二者合起来就是我们常说的"本质"。我们经常说透过现象看本质,这里的本质就是导致现象产生的根本原因。

总结一下,所谓智慧就是关于事物原因的知识,最高智慧就是关于宇宙"第一原因"的知识,而哲学就是爱智慧,就是不断探寻和追问事物的原因,直到发现所有事物的第一原因。

学习的本质

学习哲学有什么用？这是经常被问到的一个问题。我先讲一个故事，在睿之很小的时候，我们经常带他去深圳市内和周边各种景区、游乐园和公园玩耍。两三岁的小朋友很喜欢商场、游乐园这些人多的地方，每次去都玩得很开心。虽然每次带小朋友出去游玩都很辛苦，但很多父母也和我们一样，希望小朋友从小多接触一些新鲜事物，增长见识，毕竟我们小时候去公园游玩一次都非常难得，所以，只要有时间我们都会带孩子到处看看。

不过，等睿之长大一点，我们才发现其实他对小时候去过的地方没有任何印象。后来我们到一个地方就会问他，还记得小时候来过这里吗？他都说不记得了。当时我们的第一反应是，辛辛苦苦带他去那么多地方，都白费了，钱和时间都白花了。

直到有一天，我听了卓克老师关于小孩脑科学的研究报告，才终于释怀。原来我们去过的每一个地方都没有白去，你去过的地方成就了现在的你。这可不是一句心灵鸡汤，而是有实实在在的脑科学依据的。

脑科学家研究发现，小孩在两岁之前无法形成长期记忆，因为在两岁之前，负责长期记忆的大脑海马体还没有发育成熟。大脑要形成长期记忆，需要海马体将短期记忆筛选、整理，然后送到大脑皮层，但在小孩一两岁的时候，他们的海马体还没办法胜任这一任务。也就是说，两岁小孩的海马体无法把相关内容输送到大脑皮层形成长期记忆。所以，我们一般无法记起两岁前的事情,甚至六岁之前的事情都很少记住,这跟我们的大脑发育过程相关。

我们不记得小时候的事情,是不是意味着小时候的所见所闻就没有意义呢?其实不然,研究发现,小时候的空间改变、环境刺激对小孩大脑海马体的发育影响非常大。科学家对小白鼠做了实验,在复杂环境中长大的小白鼠,比在单调环境中长大的小白鼠的大脑海马体体积大了15%,海马体的神经元也多出了4万多个。

也就是说,孩子从小的所见所闻虽然无法沉淀成长期记忆,但他们的大脑海马体在无形中得到了锻炼,他们大脑的海马体发育更好,神经元更多,神经元之间的连接也更丰富,这对一个人的空间感知和逻辑推理能力都非常有帮助。

科学家研究发现,人在童年时期对环境的自由探索程度越高,空间记忆能力、解决问题的能力和逻辑推理能力也越强。科学家对一些残疾儿童进行恢复性训练时发现,那些能推着车出门活动的孩子,比只待在家里的孩子有更强的认知能力和语言能力。

了解了这些知识之后我才意识到,虽然睿之对去过的地方没有印象,但并不意味着这些行为是没有意义的。恰恰相反,它的意义远远大于某些记忆和印象,童年时期的自由探索让他的大脑无形中得到了锻炼,形成更强的思维能力,长期来看这是更有意义的事。

学习哲学表面上看起来没有什么实际的作用,不像学习了一门语言或是掌握了一项技能,有明显的实用价值,但它具有更深远的意义。正如童年时期的自由探索之于大脑和思维能力的意义一样，学习哲学能激发我们的好奇心，触发更深层次的思考。

正如哲学家桑德尔所说："学习的本质，不在于记住那些知识，而在于它触发了你的思考。"

有用与无用

我们经常听说，哲学是一门无用的学问，但它同时也是一门大有用处的学问。细想这两句话其实有点矛盾，既然是无用的，又怎么会有大用？

要理解哲学的"无用"，就要从一个对立的概念理解它，那就是有用或者实用。这是一个典型的哲学思维方法，通过相互对立的概念辩证地理解另外一个概念。在东西方哲学里面，这都是一个常见的方法，比如在老子的《道德经》中，我们可以用"有"理解"无"，也可以用"有为"理解"无为"。

当我们说哲学"无用"时，这里的"无用"对应的是有用或者实用，也就是说，哲学并不是一门以实用为目的的学科，这是哲学意义上的"无用"。比如我们学习建筑学，是为了设计和建造房屋；学习木工的知识，是为了做出木工器具。换句话说，一个人拥有木工知识并没有用处，做出东西来才有价值，这是木工知识的实用价值。

而哲学跟一般的知识技能不一样，我们学习哲学恰恰不是为了要达到某个实用的目的，这就是哲学的"无用之用"。哲学并不是完全没有目的，也不是真的无用，只是不以实用为目的，而是以自身为目的。

有些人喜欢画画，不是为了靠画画去赚钱，而是喜欢画画本身。所以当我们说哲学"无用"，不是因为哲学完全没有用处，而是因为哲学不以实用为目的。这是无用和有用的区别。

哲学的价值恰恰在于"无用"，正是因为不以任何实用目的为前提，反而会让我们跳出固有的、以实用为目的的思维方式看待问题，获得对事物更本质的洞察。正因为你不是为了赚钱去画画，不是为了迎合市场和客户的要求去画画，你才能纯粹地从审美的角度进行艺术创作。

但哲学和普通的兴趣爱好不一样，我们完全可以不画画，但我们每时每刻都在思考。如果我们的思考被局限在某个实用目的之内，那么思维就会有局限性，思想会不自由。换句话说，看起来无用的哲学，实际上可以让我们摆脱"有用"思维的局限性，站到更高的视角看待世界和思考问题，这是哲学的"大用"。

一个人的思维有三个维度，《庄子·秋水》中说："**井蛙不可以语于海者，拘于虚也；夏虫不可以语于冰者，笃于时也；曲士不可以语于道者，束于教也。**"你无法跟井底之蛙谈论大海，因为它受到了地域的局限；你无法跟夏天的虫谈论冬天的冰雪，因为它受到了时间的限制；你无法跟见识浅陋的人谈论大道，因为他受到了教养的约束。庄子谈到了一个人思想局限性的三个方面：**时间、空间和认知**。

时间和空间可以通过增加见闻改变，但是一个人的认知难以改变。一个重要的原因是，我们的思维很容易被外在的目的所绑架，这个目的很容易成为我们的价值锚点，把我们的思维锁死。

有一个著名的寓言故事叫《疯老头贝尔》，说的是一位退休老人的门前有一块草地，经常有小孩来踢球玩耍，老人不堪其扰。有一天，老人想了一个办法，他对小孩们说："你们在这里踢球我感到非常开心，为了感谢你们，我每天给你们每人一块钱。"又能踢球又能拿到钱，孩子们当然很开心。

但是过了几天，老人说最近经济不景气，每天只能给他们每人五毛钱。孩子们虽然有点失望，但勉强还能接受，每天还是会来踢球。又过了几天，老人提出从今往后每人每天只能给一毛钱，孩子们觉得很生气，认为自己付出很多，而获得的却很少，于是他们愤然离去，再也不来踢球了。

在故事中，老人悄悄地改变了孩子们踢球的目的。他们本来是基于热爱踢球，而当他们的目的变成获得金钱奖励后，这个目的就会反噬他们的动机和行为体验。正如尼采所说："**当你凝视深渊，深渊也在凝视你。**"

如果我们为了某个确定的目的做事，那么我们的思维方式、情绪体验就会围绕这个价值锚点展开，并很难跳出这个思维框架思考。要想跳出思维的局限，就要从"有用思维"切换到"无用思维"。没有任何具体的目的，反而会让我们拥有更自由的思维和更广阔的视野，这是学习哲学的真正价值。

哲学家亚里士多德说："**哲学始于闲暇与惊奇。**"如果哲学是为了升官发财、升职加薪、功成名就，那么我们的思维很容易局限在如何升官、如何加薪、如何成功上，而失去了思维真正的自由度。

所以，亚里士多德说："哲学不是为了实用的目的，而是为了避免无知，是人们为了逃避无知才会进行的思考。"就像苏格拉底所说："我唯一知道的是我一无所知。只有意识到自己无知，才会去不断思考和探索。"亚里士多德认为，只有这样的人才是真正自由的，因为这些人是为了自身的目的，而不是为了他人的目的而存在。看似"无用"的哲学，实际上可以让我们保持思想的自由，这正是哲学的"无用之大用"。

放大镜与指南针

哲学是爱智慧，哲学有无用之用，哲学可以让我们摆脱思维的束缚，拥有更大的思想自由度。这种思想的自由度体现在什么地方呢？它有两种隐喻：**一种是放大镜，一种是指南针**。哲学为我们看待世界提供了微观和宏观两个视角。放大镜是微观视角，让我们看到事物更本质的东西；指南针是宏观视角，让我们站到更高的视野看世界。

放大镜可以让我们在看似合理的地方发现问题，如同一张分辨率不高的地图，看似有一条路是通的，但当你把地图放大，可能发现路中间有多个弯曲甚至断裂的地方。哲学的第一个价值是让我们深入问题的底层，在细微处洞察事物的本质。

举个例子，如果问你为什么而工作，很多人的第一反应当然是为了"钱"。但我们为什么会认为自己是为了钱而工作？钱和工作之间是怎么产生因果联系的？这个联系真的必然存在吗？答案是否定的。

其实，我们的思维方式深受环境、文化和他人价值观的影响，就像叔本华所说：**"我们可以做我们想做，但不能想我们所想。"** 我们为了钱而工作的逻辑可以追溯到亚当·斯密的"理性经济人"假设。

这个逻辑是这样产生的：因为人是理性且自私自利的，所以人不会无缘无故地为别人工作，人只会为对自己有利的东西工作，而这个东西让人很容易想到"钱"。这是一个自洽的逻辑理解，而且以这个逻辑为前提，经济学和管理学发展出了一整套组织管理和员工激励理论。比如给予员工更多的激励，员工就会更加拼命工作。

可是很少有人去质疑一开始的基本假设：人只是自私自利的吗？只会为了钱而工作吗？显然不一定，人当然还有可能因为其他东西而工作，比如为了成就感、荣誉感，甚至仅仅是为了帮助他人而获得的某种满足感。就像公益组织或者志愿者团队，他们的工作积极性、满意度很高，但他们并没有什么报酬。

所以，当我们用放大镜看待这个世界时，你会发现很多看似合理的因果关系其实并不合理，甚至是断裂的。当然，哲学也提供了很多类似"放大镜"的思维工具，比如笛卡尔的"普遍怀疑"、胡塞尔的"悬置判断"、维特根斯坦的"语言分析"以及德里达的"解构主义"等。从根本上说，哲学给我们提供了一套思维工具，让我们可以深入表象的底层去观察和分析事物的本质。也可以说这是一种"解构"的视角，让我们从细微处看清事物的本质。这是哲学的第一个重要价值，暂且称为"放大镜"功能，即从微观视角洞察世界的本质。

此外，哲学还给了我们一个"指南针"，让我们可以从宏观视角重新建构对世界的理解，找到人生前进的方向。这里的指南针有两个寓意：一个是跳出主体视角，一个是站到更宏观的视角。当我们站到巨人的肩膀上看到宏观世界的运行逻辑，会发现自然的运行并不以自我为中心，甚至不以人类为中心。

举个例子，当你发现自己不会飞，你会因此焦虑和痛苦吗？大概率不会。因为你很容易发现周围的人都不会飞，你知道能不能飞不是由自己决定。换句话说，我们不会因为那些自己根本无法改变的事情而痛苦，就像你不会为无法成为美国总统而沮丧一样。

但是当你觉得自己很努力，却依然没有获得成功、依然没有赚到钱的时候，你会陷入焦虑和痛苦。这种痛苦可能来自朋友、邻居比你更成功，也可能来自你对自己无能的抱怨，因为你觉得努力和成功之间有很强的因果关系。就像雷军说的，努力是成功的前置条件，但远不是决定性因素。

这里我们可以把视野拉高两个维度。

第一个是时间维度，某件事的成败在一年后和十年后再看，或许是完全不一样的心态。当前的失败或许正是未来成功的阶梯，而相反，当前的成功或许正是未来失败的种子。

第二个是空间维度，如果跳出自我的视角，你会发现一个人所能掌控的事情非常少，我们之所以会因为自己的不成功而痛苦，是因为我们认为自己本来可以掌控更多，我们会高估其中的必然性，而低估世界的随机性。从自然或万物的角度来看，人——尤其是个人能掌控的东西并不多。古希腊斯多葛学派主张："**接受你不能改变的，改变你可以改变的。**"庄子说："**知天之所为，知人之所为者，至矣。**"苏格拉底说："**认识你自己。**"古老的智慧告诉我们，如果能从更大的视角看待自己和自己的行为，你会更加豁达和清醒，不至于被眼前的利益得失以及他人的情绪所左右。有了更大的视角，你才会知道自己所处的位置，这是一个认识世界的过程，也是一个认识自我的过程。

每个人都默认从自我的主体视角看世界，但自我的主体视角往往是有偏见的，人类的理性视角也是有局限的。就像哲学家培根所说："自然远胜人的感官和理解力很多倍，我们所迷恋的一切沉思、揣测和解释都是似是而非的，只是旁人没有注意到而已。"

02

自我：我是谁？

人是悬挂在自己编织的意义之网上的动物。

——马克斯·韦伯

我是谁？这是一个经典的哲学问题。我是一个意识、一个实体、一个灵魂、一束知觉，还是社会关系的总和？这些都是可能会出现的回答，那我到底是谁？这是一个抽象的问题，但是我们可以结构化地理解它。本章会带大家探索自我的本质，从三个维度理解"我是谁"这个人类永恒的话题：自我的内核是自我意识；自我的内容是自我体验；自我的意义是自我实现。

以前的我,还是现在的我吗?

一天下午,睿之放学回家问我,"**人不能两次踏入同一条河流**"是什么意思?他应该是看了我前两天给他的一本哲学启蒙书,里面便写了古希腊哲学家赫拉克利特的这句名言。

于是,我跟他解释这句话的意思是,这个世界一直在变化,你第二次踏入河流的时候,已经跟第一次不一样了,因为河水在流动,时间在流逝。所以,赫拉克利特说的不是我们不能两次踏入同一条河流,而是我们两次踏入的河流已经不一样了。睿之想了一下说:"那我如果犯错了,我是不是可以跟老师说,之前犯错的人不是我,我已经不是之前那个人了?"我一时有点无力反驳,他大概又在学校犯什么错误了吧。

今天的我还是昨天的我吗?如果对这个问题持续追问,就会触及那个经典的哲学问题:我是谁?

我们通常认为,今天的我当然是昨天的我,如果今天的我不是昨天的我,那我为什么要为昨天的我犯下的错误负责呢?如果过去的自己和现在的自己不是同一个人,那我们的世界就乱套了。按此推理,每个人都可以为所欲为,而不需要为过去自己的行为负责。所以,我们其实默认了今天的我和昨天的我是同一个我。如果沿着这个思路一直推导下去,也可以说一岁时候的我当然是现在的我。

和"一岁的我"相比,"现在的我"体内的细胞更新换代无数次,体型样貌也大相径庭。为什么我们还认为"一岁时的我"是"现在的我"呢?如果拿出小时候和现在的照片对比,很难说这是同一个人。究竟是什么决定了"一岁时的我就是现在的我"?在所有的变化中,什么是不变的?这是一个深刻的哲学问题,涉及"自我同一性"或"事物同一性",而这个问题对于我们来说,就是"自我的本质"的问题。

我们经常听说各种"本质",如人生的本质、金钱的本质、商业的本质、社交的本质、学习的本质等。**本质是决定事物是其所是的东西**,它是一个事物的根本性质,是一个事物在变化过程中始终保持不变的东西。

哲学上有一个著名的寓言故事:忒修斯之船。

公元1世纪左右,古罗马哲学家普鲁塔克提出一个问题,也是一个著名的思想实验:如果忒修斯之船的木板因为年久老化而被逐渐替换,直到船上的所有木板被替换后,这条忒修斯之船还是原来那条船吗?或者说,虽然这条船一直在变化,在所有的变化中"不变"的东西是什么?

用亚里士多德的"实体论"来回答这个问题的话就很好理解,亚里士多德说"忒修斯之船"是一个实体,实体由质料和形式构成,而形式是一个实体的本质。所以,即便"忒修斯之船"的质料已经更换了无数次,但因为它的形式没有改变,那它还是以前的那条船。

实体是具体的事物,比如一个苹果是一个实体、一个人是一个实体、一个国家也是一个实体。我们经常把一家公司看成一个实体,即便一家公司的产品服务、组织架构、企业员工,甚至管理层都更换了,但如果这家公司的实体没有变更,那这家公司还是之前的公司。人也一样,我们的身体细胞由于新陈代谢从小到大更换了无数次,但是人的实体没有变,我们依然认为一岁时候的你还是现在的你。

在亚里士多德看来,实体的形式决定了事物的本质。亚里士多德所说的"形式"不是我们通常理解的事物的形状和外形,而是事物内在的共相和理念。对于一个人来说,他的"形式"不是他的外形,不是他的高矮胖瘦、穿衣打扮。人的"形式"是一个人内在的思想、精神和灵魂,它决定了一个人自我的本质,或者说它是一个人自我的内核。

一个人痛改前非或洗心革面后,他的心灵和思想发生了很大的改变,我们会说"他好像换了一个人似的"。这其实是说他的精神和灵魂得到了升华,思想发生了根本性的改变。因此他的本质就发生了改变,他不再是以前的他了。

从这个角度说,决定自我本质的是一个人内在的思想、精神、灵魂,而不是外在可见的肉体或形象,更不是一个人所拥有的物质或名誉。自我的内核是自我意识,它是一种精神性的存在,我们也常常称为"灵魂"。柏拉图在《理想国》中提出了"灵魂不朽"

的思想。他说，人的灵魂是高贵的，身体可以消亡，而灵魂不朽。

正如《老人与海》中说的："**人可以被毁灭，但不能被打败。**"

人的灵魂是高贵、永恒、不朽的，同时也是自由的，它永远可以自己做出选择。我们永远有选择成为哪种自己的权利，哪怕遭遇贫困、疾病或是其他生活困境，内心的灵魂并不会减损半点，我们依然可以选择成为一个灵魂高贵的人。在《理想国》的最后，柏拉图借苏格拉底之口说："**我们永远都有选择明智生活，并为之努力的选项。我们要做的就是坚持走向上的路，追求正义和智慧。**"

所有的意识都是自我意识

回忆一下，你还记得自己两岁之前的样子吗？实际上是不可能的。我们无法记起两岁之前的自己，一方面是因为那时大脑基本还没有长期记忆能力，另一方面，那时我们也基本还没有"自我"的概念。我们所有的记忆碎片没有一个主体，所以无法形成稳定的长期记忆。就像一棵树没有树干，即便有枝叶，我们也不会看到完整的树。

自我意识是"自我"的核心和基础，心理学家戈登·盖洛普发明了一种测试动物自我意识的方法。他在动物们睡觉的时候，在它们的前额上轻拍了一些没有气味的口红，然后观察它们醒来后看镜子时的反应。如果动物意识到自己的外表有点儿奇怪，盖洛普就认为它具有自我概念，也就是有了"我"的概念。实验发现，多数动物都将镜子里的自己视为另一只动物做出了回应，如表现出敌意甚至攻击行为。然而，只有少数几种动物能意识到镜子里是自己，并完成了触摸动作。

研究发现，人类在两岁左右才会逐渐产生自我意识，才会认为镜子中的镜像是自己。换句话说，一个幼儿在两岁之前，大脑中还没有"我"的概念。从这个角度来说，幼儿所有的感知记忆都没有"我"作为主体，所以他们在两岁之前并不会形成任何有效的记忆。

当然，这一时期的幼儿也不会因为自己的样子而烦恼，因为他们并没有意识到"我"的存在。而随着幼儿逐渐长大，他们的自我意识也逐渐形成，会慢慢意识到镜子里面的那个人就是自己。他们大脑中有了"我"的概念后就可以区分"我的"和"你的"，也知道了"我"和爸爸妈妈的区别。

一旦在大脑中形成"我"的概念，我们所有的认知都会围绕这个自我而构建起来：我的爸爸妈妈、我的玩具、我的同学、我的想法和意见、我的自由和权利等。有了"我"的存在，我的世界就逐渐丰富起来，世界在我的眼中也逐渐清晰明亮起来。

有一天王阳明在南镇游玩，一个朋友指着岩石之间的花树问王阳明："你说心外无物，那这棵花树在深山里面自己盛开，自己凋零，跟我们的心又有什么关系？如果我们没看到它，它还是存在的吗？"王阳明并没有直接回答，而是说出了那句经典的话：**"你未看此花时，此花与汝心同归于寂。你来看此花时，则此花**

颜色一时明白起来。便知此花不在你的心外。"意思是说，你没有看到这棵花树的时候，它和你的心是一同归于寂灭的。而当你看到了这棵花树，花的颜色一下子就明亮了起来。由此看来，这棵花树并非存在于你的心外。

这是王阳明《传习录》中一段非常经典的对话，王阳明提出了"心外无物"的思想，而句中"心"的主体就是"我"，世界是因为"自我意识"而构建起来的，自我意识是"我"真正的"内核"。有了自我意识，我们就有了观察和理解世界的视角，也有了自我反思的能力。王阳明并没有否定外在事物的存在，而是强调了事物与我们的心的关系，心与物是一体的，是"我"点亮了事物，或者说有了我的存在，世界在我的眼中才逐渐明亮起来。

从这个角度看，拥有自我意识正是我们和其他动物的重要区别，其他动物包括大猩猩都很难意识到镜子里面的成像就是自己，因为在它们的大脑中根本没有"我"的概念。有了自我意识，我们的感知、记忆、知识、思维、想象就有了一个主体，我们也拥有了认识和反思的能力。另一方面，自我意识也限制了我们对世界的认识，一旦有了自我意识，我们就很难摆脱用"我"的主观视角去认识和理解世界，正如哲学家康德所说："**所有的意识，都是自我意识。**"

只是有自我意识显然是不够的，自我意识不能是空无一物的思维，它还需要有具体的内容，这个内容就是体验。

生命不是经验的集合

我们常说,要么读书,要么旅行,身体和心灵总有一个要在路上。

我们用脚步丈量世界,用心灵感知世界。自我意识是自我的内核,我们是如何意识到它的存在的呢?如何在自我意识中填充内容呢?答案是体验。自我意识是一个抽象的、无内容的意识,而围绕"自我"构建起来的一系列生命体验才构成了"自我"的全部内容。我们从小到大的所有感知、记忆、经验、知识,读过的书、遇到的人、走过的路等共同构成了一个独特的、连续的、流动的和整体的生命体验。

哲学家狄尔泰说:**"生命是体验的总和,而不是经验的集合。"**

体验不同于感知和经验,它介于二者之间。体验不是感官上的感知,而是在感知基础上形成的一种领悟;体验也不是认知上的经验,经验知识只是体验的一种符号化表达。

经验是普遍的,而体验是独特的。人类文明是经验性的,很大程度上通过语言构建,体现为科技创造、文化知识、艺术作品、道德规范和社会制度等。而人的体验是独特的,它来自人最直接的感知,我们无法用语言为生命下定义,但是我们可以用体验感知到真实的生命。我们的感知、感受、意识、思想以及情感才是生命最直接的表现形式,而语言、科技、道德、艺术等文明和文化是外在于个人生命体验的,或者说它们是人的生命体验二次构建的结果。

体验是从心理事件和心理活动的"领悟"中呈现出来的东西，它是在我们的感觉、情感、直觉和思想基础上产生的认识和领悟。你可能走过很多路，读过很多书，看过很多风景，拍过很多照片，写过很多游记，但这些都只是经历，而不是体验。体验的丰富度要远远大于这些，它是直接的、连续的、整体的和流动的。

生命的质量不在于经验上的多寡，而在于体验上的丰富。有人听到一首音乐，看到一幅画，就可以体验到人类几千年历史的厚重与沧桑，而有的人却只能听到一段旋律，看到一堆线条。你可以用文字和视频记录你的体验，但记录本身不是体验，而是你的经验。人类所有的经验汇集成为人类文明，但只有生命体验才是独特的、专属于个人的。所以，生命是一场体验之旅，我们要感知生命，而不仅仅是记录生命。

如果自我意识是自我的"内核"，那么自我体验就构成了自我的"内容"，它让我们的生命更加丰盈和饱满。

自我的意义是自我实现

随着社会的进步和发展，我们越来越理性，自我意识也在不断增强。我们做任何事情之前都会追问"为什么"，都要了解事情背后的原因，例如为什么要工作，为什么要读书，为什么要结婚，为什么要生孩子等。我们不仅要知道如何做事，还要知道为什么而做。而在所有的追问背后，还有一个根本的追问——**我存在的意义是什么？** 这是现如今大部分人困惑的根本原因。

哲学家尼采说："**一个人知道为什么而活，就可以忍受任何一种生活。**"当我们结束一天疲惫的工作，在夜深人静的时候开始了与自己的对话。我这么努力工作、拼命生活是为什么？是为了赚钱养家、买房买车、读书旅行，还是仅仅只为在世界上存在着？当我们不断追问的时候，好像一切答案都不那么确定。只有当我们知道了自己生命的意义，这个意义才会像一盏明灯一样指引我们勇敢前行，给我们的人生一个逻辑自洽的理由。

柏拉图说："**人是寻求意义的动物。**"

人与其他动物的区别在于，我们不仅存在，还要追问为什么而存在，追求事物的因果关系是人的本能。从广义上说意义是事物存在的原因，每个人对自我存在的意义可能有不同的答案。有人追求功成名就，有人追求岁月静好，有人追求信仰与博爱，有人追求热爱与冒险，有人追求审美与沉思。**每个人都有不同的人生选择，但每个人的人性底层都有一种本能的需求或者欲望，那就是自我实现。**

社会心理学家马斯洛提出了需求层次理论，人类的五大需求层次从低到高分别是：生理需求、安全需求、社交需求、尊重需求和自我实现需求。自我实现是一种超越了安全和社交需求的精神需求。自我实现是指每个人都有充分发挥自我禀赋和潜能的人格倾向，马斯洛认为这是人的最高层次追求，也是人生意义感的来源。人和其他动物不一样，人有自我意识，有认识自我的能力，也有自我实现的欲望。

比尔·盖茨曾经是世界首富,年近七十岁的他依然活跃在慈善事业上。与其说他是热爱工作,不如说他是在不断自我实现、追求人生意义。因为,追求自我价值实现的过程就是赋予人生意义的过程。经历过人生虚无、受过抑郁症困扰的张朝阳曾在采访中说:"以前我的目标就是把搜狐做好,让员工都赚到钱,然后就休闲娱乐。现在,我觉得人生的意义在于参与和创造。这是人和动物的区别,人要创造价值,活着才有意义。"如今张朝阳成为一位线上物理老师,为大众普及科学文化知识,这是他获得人生意义的方式。

我在上一本拙著《幸福的底层逻辑》中介绍了意义和价值的关系,即意义是主观的,而价值是相对客观的。我们通过实现价值、创造价值来获得人生意义,这是一条比较可靠的道路。上一代人很少追问人生的意义,因为他们更多是在实现自我价值。他们让儿女吃饱穿暖、身体健康、读书求学,这是他们对家庭的价值,也是他们的人生意义。他们实现了外在的价值,并转化为内在的人生意义。

为什么我们需要通过实现价值来获得人生意义呢?答案很简单,人是社会性动物。

哲学家马克思说:**"人的本质是社会关系的总和。"**

这个结论看起来有点奇怪,其实马克思所说的关系并不是人际关系,他表达的是人的本质只有在社会活动中才能呈现出来。这一观点是在批判和反思费尔巴哈在人的本质基础上提出的论点。

费尔巴哈说:"一个完善的人,必定具备思维力、意志力和心力。思维力是认识之光,意志力是品性之能量,心力是爱。理性、爱、意志力,这就是完善性,这就是最高的力,这就是作为人的绝对本质,就是人生存的目的。"

费尔巴哈认为,人和动物的区别不在于人有意识,而在于人能意识到自己是人,动物不能意识到自己是动物。但马克思认为,费尔巴哈提出的人和其他动物的区别还停留在意识层面,并没有把人的本质延伸到社会实践领域。马克思认为动物和人的区别在于动物只有一种尺度,只会满足自身的需求;而人有两种尺度,不仅能满足自己的需求,还能按照美的方式创造世界。正是这种创造活动体现了人的本质,也体现了自我存在的意义。

人是一种寻求意义的动物,但这种意义不能停留在自我的思维和体验层面,很多年轻人陷入虚无主义的根本原因也在于此。脱离了自我价值实现去寻求人生意义,很容易陷入虚无主义,因为这种意义本身就是虚无的。追求丰富和美好的人生体验是每个人的向往,但是如果这些人生体验没有被赋予更崇高的意义,我们很容易陷入对感官体验的追求,失去内在的精神性意义。所以,在追求美好人生体验的同时,不要忽视自我实现的重要性,尤其是自我价值实现的重要性。因为,意义和价值往往一体两面,脱离价值去寻找意义,是危险且不理智的。

小结

这一章的主题是自我。自我的本质是什么？这是一个经典的哲学问题，本章从三个维度构建了对自我的理解，这三个维度从低到高依次展开：我是一个有自我意识的我，我是一个有独特体验的我，我是一个可以自我实现、有意义的我。

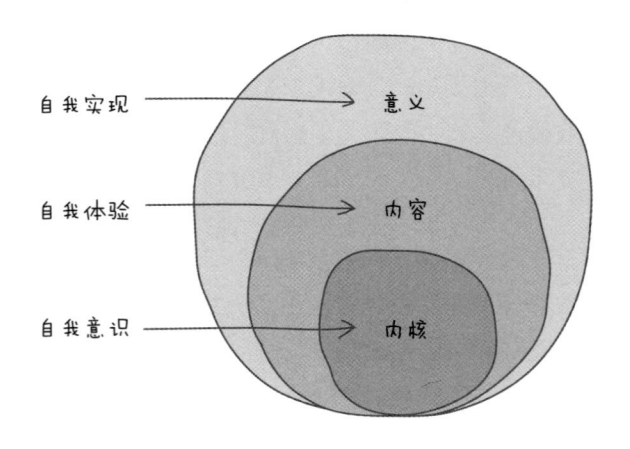

自我实现 → 意义
自我体验 → 内容
自我意识 → 内核

哲思启示录

* 首先，人区别于其他动物的重要标志之一是人有自我意识。我们能够意识到自我的存在，反思能力可以让我们不断进步。

* 其次，人区别于他人的重要标志之一是我们有独特的人生体验。自我不仅需要有自我意识，还要有具体的内容。我不只是一个思维、一束知觉，而应该是一个有血有肉、有真实感知和体验的存在者，所有的人生体验构成了自我的全部内容。
* 最后，人是寻求意义的动物，人不仅仅要体验生命，还要追求更高的生命存在意义，自我实现是寻求生命意义的重要途径。

03

感知：梦是真的吗？

世界是我的表象，这是一个真理。

——叔本华

当新生儿来到世界，第一次睁开眼睛，他的生命之旅就开始了。感知是我们与世界建立链接的重要通道，也是我们理解自己和世界的重要方式。本章将带大家深入感知的内部，看看我们是如何感知这个世界的。

从一个梦开始

睿之从小总做梦,早上起来经常跟我们讲他昨晚的梦。有一天他很认真地问我:"梦是真的吗?我经常在梦里看到各种各样的东西,好像真的一样。"

梦是真实的吗?这也是一个哲学问题。我们常常感叹"人生如梦",不仅我们对梦境和现实的关系感到疑惑,思想家庄子也有这样的疑惑。在《庄子·齐物论》中庄子讲了"庄周梦蝶"的故事,很多人觉得这是庄子的一种诗意表达,但实际上有着更深刻的思考。

庄子说:"昔者庄周梦为胡蝶,栩栩然胡蝶也。自喻适志与!不知周也。俄然觉,则蘧蘧然周也。不知周之梦为胡蝶与?胡蝶之梦为周与?周与胡蝶,则必有分矣。此之谓物化。"

庄子说,过去庄周梦见自己变成一只很生动逼真的蝴蝶。他感到多么愉快和惬意啊!竟然不知道自己原本是庄周。他突然间醒过来,惊惶不定之间方知原来他是庄周。不知是庄周在梦中变成了蝴蝶，还是蝴蝶在梦中变成了庄周？庄周与蝴蝶必定有区别，这就是物我的同化。

梦境如此真实，连庄子都无法区分它与现实的关系，但庄子表达了"梦觉同构"的思想，梦境和现实并没有本质的区别。庄子说："且有大觉而后知此其大梦也，而愚者自以为觉，窃窃然知之。"只有真正清醒的人和真正觉悟的人，才会明白这一切只不过是一场大梦，而无知的人还自以为清醒，好像什么都明白了。庄子说，多么愚昧无知，为什么真正清醒的人反而会认为自己身处梦中呢？

这体现了庄子的梦觉和对现实的深刻洞见，身处梦境还是现实，唯一的区别并不是虚幻与真实，而是人是否能够拥有自身，是否能主宰现实。我们以为梦境一切都是虚幻的、不真实的、不受我们控制的，而在现实中，我们认为自己可以控制外在的现实。但庄子提醒我们，无论在梦境还是现实，我们都同样没有控制力。

庄子认为人非常渺小，无法左右自身与现实。从这个角度说，梦境和现实并没有本质区别。庄子认为领悟了这个智慧的人才是真正的智者，他们能游离梦境与现实之间，获得真正的自在与逍遥，这是庄子对梦觉的同构。

关于梦境与现实的关系，西方近代哲学之父笛卡尔也提出了灵魂拷问：我们如何确定感知是真实的？如何确定梦境是虚幻的？

笛卡尔想在思想的领域找到一条亘古不变的真理作为自己思想大厦的地基，那如何找到这条真理呢？古希腊伟大的数学家和物理学家阿基米德说："给我一个支点，我就能撬起整个地球。"这句话的前提是需要有一个稳定可靠的支点。

笛卡尔认为如果能找到一个稳定可靠的支点，那么我们将可以推导出很多伟大的东西。可一旦这个支点错了，我们所推导出的结论也就是错误的。

如何才能找到稳定可靠的支点呢？笛卡尔讲过一个隐喻，如果你有满满一筐苹果，但担心里面有一些苹果烂掉了会影响其他好的苹果，你想找出其中的烂苹果。这时你会怎么做？最简单的办法就是将整筐苹果全部倒出来，然后一个个确认，然后把好的重新放回篮子。同样，如果我们怀疑自己的思想中有一些错误的思想和信念，为了防止它们污染正确的真理，最简单的做法就是先将我们所有的信念全部否定，再去重新审视它们的正确性。这就是著名的"烂苹果"隐喻，也是笛卡尔的普遍怀疑精神。

普遍怀疑分为两个方面：对感知的怀疑和对认知的怀疑。

笛卡尔说："我常在梦里做出疯狂且荒唐的事情。我不知有多少次梦见自己穿着衣服坐在炉火旁边，但其实我是一丝不挂地躺在被窝里！我确实以为我并不是用睡着的眼睛看这张纸，我摇晃着的这个脑袋也并没有发昏……我时常在睡梦中受到假象的欺骗。我发现没有什么确定不移的标记和可靠的迹象能使人清楚地分辨清醒和睡梦，这让我大吃一惊，甚至让我以为我现在仍是在睡觉。"

、笛卡尔认为，我们无法确定眼前的世界就是真实的，也无法确认梦中的世界就是虚幻的。那我们的感知可靠吗？

你看到的世界是真实的吗？

眼见为实，耳听为虚。我们通常认为看到的世界就是真实可靠的，但真的是这样吗？

你可以做一个小小的实验，现在面对一面镜子，仔细观察你的左眼，5 秒之后，眼睛不要离开镜子，再观察你的右眼。

你有没有在这个过程中发现奇怪的现象？你把目光的焦点从左眼转移到了右眼，但你在镜子里完全看不到眼球移动的过程。实际上，从看左眼到看右眼的过程中，你的眼珠肯定在动，但你完全看不出来。如果你观察另外一个人看镜子，会很容易发现他的眼珠在动。这是因为大脑蓄意去除了我们在移动眼球时的视觉体验。

人每天被大脑抹去的时间大概有两小时，但你对此完全不知道。你以为的真实世界，只是大脑构建之后的结果。知乎上有一个细思极恐的问答：你为什么认为大脑是最重要的器官？因为这个结论是大脑传达给你的。

我们所意识到的世界，是经过大脑加工后的，但不是大脑故意骗我们，而是因为现实世界是三维的，但我们的眼睛只能接收到二维数据。大脑为了理解投射到眼球上的二维图形，需要做出一些加工，才能够让我们看清三维世界，同时大脑利用二维数据构建三维模型的能力很强。我们看到的树木、天空、手中的书和眼前的桌子是真实存在的，但是我们看到的并不是它们绝对真实的样子，而是经过了大脑处理加工后的效果。

我们以为看见的世界稳定又真实,但它实际上是大脑在我们移动视线时主动构建的。除非高度集中注意力,否则我们很难意识到大脑会在加工过程中改变客观存在。我们假定世界稳定不变,而这其实只是一个幻象。比如去看一部 3D 电影,戴上 3D 眼镜后大脑就会受到愚弄,我们仿佛看到超级英雄从屏幕里跳到座位上,可摘下眼镜后却看到身边其实只有爆米花。

大脑不仅仅会构建和加工已知的信息,甚至还会虚构出幻象。比如当我们看到天空中无序的云朵时,会感觉自己看出了一些图案;当我们仰望月球时,会感觉自己看到了一张脸。不仅仅普通人会犯这样的错误,科学家也会。1877 年,一位著名的意大利科学家声称在火星上看到了水渠,之后很多天文学家一直相信火星上存在运河。直到 1965 年,美国的航天探测器"水手 4 号"拍下了火星表面的照片,发现并没有什么运河和水渠。所谓的"运河"只是在"视觉错觉""人们对运河的期望""大脑对随机图像有加强秩序的倾向"三者的作用下产生的幻象,这不仅欺骗了很多科学家,还浪费了大量的人力、物力。

为什么我们的感知会出错?大脑为什么要构建虚假的信息?一个很重要的原因是人对"秩序"有本能追求。我们所处的世界充满了混乱、无序和不规则,但我们又希望世界充满秩序,所以我们常常在混乱和无序中发现所谓的"规律"。

人类的大脑讨厌"混乱"而喜欢"秩序",《混乱:如何成为失控时代的掌控者》一书中详细阐述了这个问题。我们喜欢整洁的房间、干净的桌面、完美的计划、简单的目标,我们热爱简洁、规律和秩序感。相反,我们厌恶混乱和无序感。因为只有这样,我们才能更好地理解这个世界，也更有确定性和控制感。就像在人潮涌动的地方，很多人会莫名感觉恐惧，这是一种对混乱和无序的天生厌恶。我们喜欢所有的事情都像"1+1=2"或像几何图形一样简单纯粹、完美有序。但在大自然中，没有一座山峰是规则的几何形状，没有两片树叶是完全一样的，你也找不到绝对的平面和纯粹的直线。

我们的大脑起到了缓冲和调控的作用，它能把复杂的世界简单化，把混乱的表象有序化。在这种本能的驱动下，人类从古至今孜孜不倦地探索世界表象背后的规律。从远古的神话开始，我们就渴望用规律和法则解释混乱的世界，认为世界背后有某种永恒不变的规律，认为复杂的世界由某种简单的东西构成。

在道家思想中，"道"是世间万物内在的本质规律；在古希腊思想中，西方哲学之父泰勒斯提出了"水是万物之源"；后来的古希腊哲学家也提出了很多世界本源的说法，例如"火本原论""原子论""数本原论"等。其最终目的都是想要探究复杂世界背后的底层规律和构成。我们不喜欢也不希望世界是混乱和无序的，我们天生对秩序感有本能的追求和向往。

我们感知到的世界是连续、有序的，这与我们大脑的本能机制有关，那这些机制是什么呢？

你看到了一个苹果吗?

假如你面前有一个苹果,你看到一个苹果吗?通常情况下我们当然认为自己看到了一个苹果,但是哲学家贝克莱并不这么认为,他认为你并没有直接看见一个苹果,而是看见关于苹果的符号或观念,也能称为"感觉与料"。这些感觉与料包括眼睛看到的苹果的形状、大小、颜色,手触摸到的质感,鼻子闻到的味道等。我们接收到不同感觉器官收集的感觉与料,然后在大脑中将它们组合在一起,最后得出一个结论:这是一个"苹果"。所以贝克莱说,你永远都不可能直接看到一个苹果,你看到的永远是"这是一个苹果"的证据,然后推论出"这是一个苹果"。

逻辑经验主义哲学家艾耶尔认为:一个对象被感知到,并不能合乎逻辑地说明它在任何意义上都存在。我们唯一可以确认并直接感知到的不是物质本身,而是关于物质的感觉与料。这个过程细想之下很合理,我们的感觉器官是分开的,不同的感觉与料被收集到大脑,然后大脑得出了一个整体的结论。从直观上我们明明看到了一个完整的苹果,为什么又说没有看到一个苹果呢?这取决于对"直接的"和"逻辑上"的理解。

贝克莱作为经验主义哲学家,他的核心观点是"**物是观念的集合,存在即是被感知**"。这两个观点都非常反直觉。我们看到的不是一个苹果,而是关于苹果的感觉与料,我们根据这些感觉与料推导得出"这是一个苹果"。这个过程是从感知到观念,最后到结论。贝克莱说,物是观念的集合,我们思维的对象是观念或者感觉与料。我们并没有直接感知"这是一个苹果",这只是逻辑推论的结果。贝克莱想表达的是,我们直接的感知经验其实不可靠,唯一可靠的是感觉与料。

再举一个极端的例子,比如看到天空有一个飞翔的东西,我们可能会觉得那是一只鸟,但实际上那是一架飞机。我们感知到了各种感觉与料,然后在大脑中推论出那是一只鸟。大脑中直接感知到的是感觉与料,而不是鸟。

我国古代名家思想家公孙龙也提过类似的观点,即"离坚白"。公孙龙在《坚白论》中提出了一个看起来很奇怪的问题:"坚、白、石,三,可乎?曰:不可。曰:二可乎?曰:可。"公孙龙一开始就从"坚、白、石"三者的关系进行分析。"坚"是石头的性质,"白"是石头的颜色,而"石"则是具体事物的本体,"坚、白、石"三者能同时结合在一起吗?公孙龙的回答是不行。其中的两者能同时结合在一起吗?答案是可以。这个回答看起来很奇怪,我们看到一块坚硬的白色石头,它们当然是一体的,为什么回答不行呢?公孙龙说,我们只能看到白石,是白色的性质和具体的石头结合在一起;我们只能触摸到坚石,是坚硬的性质和具体的石头结合在一起。坚硬是看不见的,白色是触摸不到的,所以"坚和白"并没有同时在一起,它们是分离的,这就是公孙龙的"离坚白"。

这是一块坚硬的白色石头,听上去好像是一个直观的事实,但是公孙龙和贝克莱都挑战了常识,对我们习以为常的想法进行了批判性反思。不管是贝克莱的"物是观念的集合",还是公孙龙的"离坚白论",重要的不是结论是否正确,而是他们具有积极反思和勇于批判的精神。

针对贝克莱的"物是观念的集合",后来的哲学家莱布尼茨和康德给予了新的解释。因为人的大脑中有先天的"统觉"能力,能整合不同感觉与料并形成统一的认识,这也是感知得以形成的重要保障,否则我们只能看到颜色、听到声音、闻到味道,而无法形成统一的认识。

世界是"我"的表象

还是从这个苹果开始,假如你面前有一个苹果,我们会说这是一个苹果。这是一个很简单的判断,因为它是根据我们的直观经验做出来的。

试想一下,我们把这个苹果放到猴子或者大猩猩面前,它们会有什么反应?它们可能指着苹果发出"咿咿呀呀"的声音,而无法做出"这是一个苹果"的判断。为什么我们可以呢?让我们用哲学的"放大镜"来审视这个判断中的四个概念:**这、是、一个、苹果**。

"这"指代我们面前的苹果,"是"表示判断,"一个"表示数量,"苹果"是一个概念。我们无法直观感知到"是、一个、苹果",只能感知到"这",也就是苹果本身。而"是、一个、苹果"实际上只存在于我们的大脑中。比如"一个"是数量概念,它显然不在苹果中,而在大脑中;"是"是表示关系的概念,我们把两个概念进行关联然后做出了"是或者非"的判断;"苹果"是我们对现实苹果抽象化后得出的概念。

大猩猩无法得出"这是一个苹果"的判断,不是因为它不能直观感知到苹果,而是它没有"是、一个、苹果"这些概念。所以,哲学家康德说,人类知识有两个要素:直观和概念。

因为我们大脑中先天存在一些认识框架,它们能够整理接收到的感觉与料,这样我们才能得出"这是一个苹果"的知性判断,康德称这些先天认知框架为"知性的先验范畴"。

首先,康德把认识能力分为三个层次:感性、知性、理性。感性是我们获得感知表象的能力,知性是基于感知做出判断的能力,理性是基于理念做出推理的能力。动物和人都有感性的能力,但知性能力是人类独有的。"这是一个苹果"不是基于感知得出的判断,它需要知性能力的参与。

其次,"先验"是康德哲学的核心,也是理解康德哲学的一把钥匙。简单来说,"先验"是先于经验,并使经验成为可能的东西。比如我们之所以得出"这是一个苹果"的结论,原因之一是大脑先天有数量的意识,我们能区分"一个和多个",否则我们不能得出"这是一个苹果"的判断。所以要得出经验性知识,需要一些先天条件,康德称这些先天条件为"知性的先验范畴"。这些范畴就像固定的程序,大脑接收到外界的感知信息后经由先验范畴的整合,才能得出相应的知识。

先验范畴包括四类:量的范畴、质的范畴、关系的范畴和模态的范畴。每类范畴又包括三个次级范畴,比如量的范畴包括单一性、复多性、全体性;质的范畴包括实在性、否定性、限制性;

关系的范畴包括实体与偶性、原因与结果、主动与被动；模态的范畴包括或然性、实然性、必然性。

这里，我们强调的不是记住这些概念，而是理解大脑中存在的先天的认知框架，这是我们认识外界事物并获得知识的前提和基础。它们就像大脑的一个个具有固定样式的模型，感官接收到外界感知信息后会经过它们的整理，形成一个个经验性知识。所以康德说，**先验是先于经验，并使经验得以可能的东西**。比如我们能在两个现象之间建立因果关系，这是人类与生俱来的能力，也是让我们得以做出判断的前提和基础。

康德称自己的认识论哲学为"哥白尼式革命"，它让我们认识世界的视角发生了根本性转变。用一句话解释就是：**世界是我的表象**。之所以是"表象"，是因为它不是世界本来的样子，只是呈现在我们感知中的样子；之所以是"我的表象"，是因为这是由我们的认识能力所构建的结果。

康德将人类认识世界的角度进行了转换，传统的方式认为，事物本身是固定不变的，是人类在运用认识能力认识它们。但康德的说法正好反过来，其实人类的认识能力才是中心，我们所看到的只是外界事物反馈给我们的样子。比如我们说一个红色的苹果，苹果真的是"红色"吗？在蝙蝠和猫等对不同光波有不同感受的动物看来，苹果可能是"灰色"，甚至很多动物都没有"颜色"这个概念。

"苹果"的概念是人类创造出来的，眼前这个东西，真的就是"苹果"本身吗？其实不然，因为苹果这个概念只适用于人类的认知。所以，是人类的认知能力塑造了我们对世界的认识。人类和真实世界之间好像有一层"屏幕",我们永远都戴着一副有色眼镜看世界,而康德称真实的世界为"物自体",也就是事物本来的样子。从科学的角度上讲也一样,因为人眼所能感知到的光波波长范围非常有限,所以我们看到的苹果并不是苹果这个"物自体"的全部,而是人眼能感知的光波范围内的物体。

康德说,我们永远无法认识世界本来的样子,都是透过"概念＋直觉"认识世界的表象。概念来源于人类的创造,直觉来源于人类的感官。康德把这种认知方法和哥白尼的"日心说"相比较,他说在哥白尼以前,人们认为一切星球围着地球转,而哥白尼说,地球在围着其他星球转。在康德之前,哲学家们要么重视经验,认为感官体验到的世界才是真实的世界;要么重视理性,认为外部的感官世界源自我们的思想和意识。但这两种理念都是以某个事物为中心。

康德对它们进行了批判和反思,同时也进行了调和。他认为,不是事物在影响人,而是思维在影响人对事物的看法,是人在思维中构造了一个自己认为的"现实世界"。所以康德说:"**人为自然界立法。**"他的论断甚至与现代量子力学有着共同之处,即事物的特性与观察者有关,而并不具有唯一的确定性。

我们看到的世界只是眼中世界的表象,而不是世界的本貌。就像我们戴上一副绿色的眼镜,那么看到的世界都是绿色的,但是你不能说这个世界就是绿色的。我们眼睛里的绿色世界,代表了感官世界的经验,而绿色眼镜可以理解为理性的部分偏好。所以康德认为,人的理性帮助我们认识世界,但理性中的一些偏好会影响我们的经验。世界的表象在意识世界和真实世界的呈现方式完全不同，我们看到的是大脑意识呈现的世界表象。正如哲学家叔本华说的："**世界是我的表象，这是一个真理。**"

世界是不是我们的表象并不重要，重要的是要有这种强烈的批判与反思的精神。我们往往没有经过任何反思就接受了一些习以为常的结论，甚至让它们成为我们信念的一部分。但当我们积极反思时，会发现很多观念经不起推敲，即便是"这是一个苹果"如此直观的结论，想要深入去理解其实也并不简单，或许这正是我们需要哲学的原因——正如哲学家罗素所说："哲学的作用就是在显而易见之处提出疑问。"

小结

这一章的主题是感知。感知是我们与世界交互的最初界面,也是人类知识的基础。虽然人类在感知能力上并不是最优秀的,但我们能超越其他动物,因为我们不仅仅停留在感知经验上,还会通过对感知经验的抽象、归纳、推理获得更高级的知识和智慧。凭借丰富的知识,我们认识自我、改造世界,并创造了璀璨的人类文明。

在这一章内容中,我们拿着哲学的"放大镜"深入感知的内部,认识了人类知识产生的过程。感知看似真实可靠,但它实际上受到了大脑认知能力的局限。大脑对感觉与料进行"统觉"后构建出了我们的感知,为了形成"统一、有序"的认知,大脑对其进

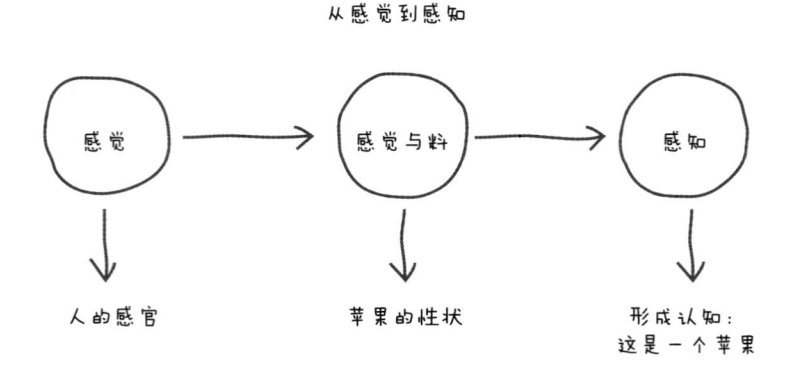

从感觉到感知

感觉 → 感觉与料 → 感知

↓ ↓ ↓

人的感官　　苹果的性状　　形成认知:
　　　　　　　　　　　　这是一个苹果

行了一些加工和处理。在感知基础上，大脑借助人类先天的认知框架构建了我们的知识。

哲思启示录

* 我们要带着批判和怀疑的精神对待习以为常的观念，通常我们认为看到的就是真实的世界，但是就连最可靠的感知其实都是可以怀疑的。从某种程度上说它并不是真实世界的客观呈现，而是人类大脑二次加工的结果。

* 正如康德所说，人类天生戴着一副有色眼镜看世界，这副眼镜就是人的"先验范畴"，因为它是我们形成经验知识的先决条件。人类具有一些先天的认识能力，让我们可以产生知识。任何知识都带有人类的烙印，但这些认知能力也限制了我们认知的范围，比如我们很难理解超出因果关系的现象，因为它正是我们固有的能力之一。

* 我们每个人都有自己的"有色眼镜"，比如人生观、价值观、世界观，信念、信仰就是我们认识世界的"有色眼镜"。我们常常基于它们做出选择判断，或者说每个人的认知都带有一定的主观性，因此才需要对它们保持怀疑和审视。

* 苏格拉底说："未经审视的人生是不值得过的。"我们也可以说，未经审视的知识，是不值得接受的。

04

体验：人工智能会取代我们吗？

生命是体验的总和,而不是经验的集合。

——狄尔泰

如今人工智能的到来为"我是谁"这一话题带来了巨大的挑战,人工智能有远超人类的智力水平,也有远超个人的知识储备,人与人工智能有什么根本的区别呢?哲学家告诉我们,人工智能拥有经验,而体验才是人类独有的。本章我们将深入生命的底层,探索为什么生命是体验的总和。

人工智能会取代老师吗？

最近几年人工智能很火，尤其是人工智能出现之后，关于人工智能未来会取代人类的话题不绝于耳。人工智能会不会取代人类？我不知道，但我认为不是"取代或者被取代"这种非此即彼的答案。

对于人工智能的担忧，小朋友的视角总是很新奇。我们都在关心人工智能会不会取代我们，而小朋友关心的是人工智能会不会取代他们的老师，是不是会帮助他们学习。睿之有时做作业会查询百度或求助人工智能。有一天他突然问我："如果人工智能什么问题都知道，那还需要老师吗？"

这是一个好问题，人工智能显然知道得比我们更多，无论天文地理还是诗词歌赋，它无所不知、无所不晓，那我们还需要老师吗？老师的意义和作用是什么？进一步思考，既然有了人工智能，我们还需要学习吗？

我们很难预测人工智能会不会取代老师，但是"我们需要老师"这件事是确定的。或许未来人工智能会变成我们的"新老师"，或许老师掌握了人工智能。所以，这个事情取决于如何理解"老师"。问题变成了人工智能老师和真人老师之间有什么区别，老师的独特价值是什么。

首先，人工智能可以很好地回答问题，但老师可以让我们提出好问题。目前人类和人工智能的交互主要通过提问和回答进行。我们提出好问题，才能获得好答案。而老师可以通过互动引导我们发现自己的问题，并提出好问题。好问题的价值远远大于好答案，因为好问题需要想象力，而好答案需要经验知识。

爱因斯坦说：**"想象力比知识更重要。"**

人类在科学上的重大进步，常常不是基于已有经验知识的延伸，而是来自天才般的想象力和创造力。哲学家波普尔说，科学理论的发展是一次又一次破旧立新的过程，我们只有不断证伪过去的知识，才能推动知识不断向前发展，而不是仅仅依靠证实或者扩展过去的知识。

科学的态度是批判的态度，它不寻求证实而寻求判决性检验，这些检验能反驳被检验的理论。换句话说，人类知识的发展不是线性延续的发展变化，而是跳跃式的发展进步。人类的想象力是实现这种"跳跃"的关键。

人工智能可以在已有的知识框架内回答我们的问题，但是人类进步的关键是提出好问题，尤其是充满想象力的好问题。

其次，人工智能可以给我们确定的答案，但是学习的本质不是仅仅获得确定答案。因为答案会让我们停止思考，而学习是一个不断激发思考的过程。

我们这一代人得益于互联网的飞速发展，但是互联网正在反噬我们的主动思考能力。互联网是我们获取信息、学习知识的工具，而这个工具正在让我们变得肤浅、平庸。原因很简单，如果通过搜索就知道答案，那我们为什么要花大量时间和精力主动思考呢？互联网不仅制造了"信息茧房"，更让我们慢慢失去独立思考、主动思考的能力。

而人工智能的到来会加速这个过程。如果学习的终点是获取知识，那么人工智能显然可以很好地让我们抵达终点。但答案就是终点吗？学习应该是一个过程，而不仅仅是获得一个确定性的答案。我们今天提倡终身学习不正是基于这个原因吗？荀子说："**学不可以已。**"我们不能停止学习求知，正如哲学是爱智慧，而不是获得智慧本身一样。如果把学习当成获得某个确定答案的手段和工具，实际上是贬低或者减损了学习本身的意义。

最后，人工智能也许可以给我们丰富的知识，但是和老师互动学习的过程能给我们更丰富的人生体验。人工智能让学习变得越来越简单，正如现在的小孩有问题都可以问人工智能。可简单便捷的另外一面是枯燥和乏味，人工智能和我们之间是一种简单的问答关系，而学生和老师之间却可以建立起丰富的情感链接。学生和老师之间不仅仅是一种教学关系，我们在学校读书求知也不仅仅是获取知识，而是一种不可或缺的人生体验。在这个过程中，我们可以基于共情、信任、尊重和老师交流互动，老师也可以通过言传身教，教会我们做人做事的道理。其中可能有误解、挫败、紧张、压力甚至痛苦，但这些都是人生体验的一部分。如果学习变成像注射药物一样的灌输行为，那恰恰丢失了学习本身的意义。

古代思想家韩愈说:"师者,所以传道受业解惑也。"老师的意义不仅仅是教授知识,培养技能,还包括塑造学生的人格品质,教会他们做人做事的道理。

人类和人工智能的关键区别

人和人工智能有什么本质的区别?有人说人有自我意识,而人工智能没有;有人说人有感知,而人工智能没有;有人说人有道德良知,而人工智能没有。这些说法都有一定的道理,但还不是最本质的。因为,感知作为一种能力,其实是可以被赋予的;道德作为一种规则,也是可以被赋予的。而自我意识是一个抽象的观念,人工智能知道自己是聊天机器人模型,这算不算一种自我意识?

感知并不是人类特有的,很多动物的感知能力远超人类,我们的听觉、视觉、嗅觉等远远不如老鹰、猫、狗、海豚,甚至一些更低级的昆虫,但我们可以研发出远超人类感知的人工智能。另外在智力上,人工智能和人类的水平也正在拉开,终有一天人工智能的智力水平会远超人类。那人的特殊之处在什么地方?

人与动物的差别在于感知与体验的差别。

人与人工智能的差别在于体验与经验的差别。

体验是在心理事件和心理活动的"领悟"中所呈现出来的东西，它是在我们的感觉、情感、直觉和思想基础上产生的领悟和认识。体验是直接的、连续的、整体的和流动的。生命的质量不在于感知经验上的多寡，而在于体验上的丰富。

经验对应的是观念和知识，而体验对应的是真实的情绪和感受；经验是对感知的抽象和二次构建，而体验是基于感知的直接体会和领悟。体验具有四个主要的特性：

第一，体验具有直接和实在性。体验并不像感觉物或者表象一样跟认识的主体"我"对立，体验是"我"的一种内在经验，而且这种直接的内在经验是最初的、先于意义而存在的，它摆脱了一切意向，与生命直接同一，这就是体验的直接性。

哲学家狄尔泰说："体验不是被规定的概念，生命是在体验中所表现出来的东西。"从这个角度看，人是一种体验的动物，人的生命由各种体验构成，体验是生命的本质特征。人工智能和人的主要区别在于人有基于感知的体验；而人工智能并没有体验，只拥有数据或经验，无法基于经验产生体验。

第二，体验具有整体性，而不是孤立的。任何一个看似单一独立的体验都是一个整体，因为体验的所有要素被一种共同的意义整合到一起。比如我们看到一个人在奔跑，只是看到了一个现象而非一个事实。这个人是在锻炼身体，还是在逃跑，还是在赶往约会的路上呢？只有理解行为的目的和意义，才能完整地理解事实。经验和行为都是包含在某个以意义和目的所构成的整体中。我们只感知现象，无法理解生命的整体性。

每一次体验从表面上看都是单独的，但正是一次次体验相互关联，构成了生命的总体。正如伽达默尔指出生命和体验的关系，不是某个一般的东西与某个特殊的东西的关系。由其意向性内容所规定的体验统一体，更多地存在于某种与生命的整体或总体的直接关系中。狄尔泰也说，生命是体验的总和。我们常说，你遇到的每一个人，看过的每一本书，经历的每一件事情，成就了今天的你。因为，人是体验的整体。

第三，体验在时间上具有双向流动性。时间有过去、现在和未来的区分，时间是从过去到未来的单向流动。但狄尔泰认为这是一种基于自然科学的时间观念，并不适用于精神科学，在生命之流中，过去、现在和未来是融为一体的。狄尔泰说，具体的时间由现在持续不断的进程构成。曾经存在的东西持续不断地变成过去，而未来则持续不断地变成现在，所以现在就是不断以实在充满某个时刻的过程。

这并不是一种诗意的表达，因为在狄尔泰看来，我们的认识基于体验，体验不仅融入整个生命整体中，还是当下的、在场的体验。看到一处风景，遇见一个人，这些经历都改变着我们的生命体验，当再次看到类似的场景，遇到同样的人，我们的体验完全不同。在体验中，我们再现了过去，融入了未来，并充实着现在。时间的完美状态、生命的完美状态只存在于"现在"。现在是过去和未来的交汇点和融合点。

第四，体验的概念具有认识论的意义，并构成认识论的基础。在自然科学和传统认识论看来，经验是知识的基础，自然科学建立在经验性事实基础上。康德的认识论也把经验看成知识的起点，但狄尔泰批判了传统的认识论思想，认识是人的认识，而人的认识以体验为基础。体验与生命具有直接性关系，我们通过对体验的客体化来认识自身和世界，所以从这个角度来说，体验才是认识的真正基础。

而且狄尔泰认为，认识并不是发现的过程，而是创造的过程。生命意味着创造，这种创造是把生命自身客体化于意义构成物之中。人对世界的理解是一种创造，人对自身的理解也是一种创造，我们不断根据体验创造出意义，把意义赋予外在事物和自身体验上，并形成了生命的统一体。

拥有体验是人区别于其他智能机器的关键，独特的体验也是人与人之间的关键区别。正如狄尔泰说的："**人拥有自己的体验，而体验是让人之所以为人，并且构成自己精神世界的基础的东西，也是人所能把握的唯一东西。**"

成为运动员，而不是观众

睿之现在很喜欢足球，但他小时候甚至讨厌足球。记得在幼儿园的时候，有个小朋友不小心踢球踢中他，他很生气，还哭了好久。长大一些后带他去足球俱乐部试训，他看到足球飞过来赶紧躲开，说他不喜欢足球，只喜欢看别人踢球。睿之有点过敏体质，医生建议要多运动，为了培养他的运动习惯，我晚上有空就会陪他在楼下踢球。慢慢地，他喜欢上了运动，也喜欢上了足球。

有一天晚上，我们躺在床上聊天，我问他这几年踢球印象最深刻的时刻是什么，他说有一次他作为队长带领球队比赛，面对的是很强的对手，他踢入了一个关键的进球。当时他已经非常累，感觉自己快支撑不下去了，但进球后他非常兴奋和自豪。然后，他很开心地给我讲了很久那场比赛的细节，言语中我感受到了他的幸福，因为我知道那场比赛、那个进球给他留下了深刻而美好的人生体验，我相信这个美好的瞬间会伴随他一生。

生命的意义是什么？或许是追求伟大的成就、自我实现、精彩的人生、理性的生活等，但这个问题也可以有简单的答案：**生命的意义存在于丰富而深刻的人生体验之中**。

想要拥有丰富又深刻的人生体验，我们要成为"运动员"，而不是"观众"。观众只是用眼睛观看比赛，只有运动员用身体体验比赛。如果把人生隐喻为一场比赛，我们不仅仅是观众，还应该是参与者。在参与中，我们才能产生更丰富的人生体验，产生抑或是悲伤、遗憾与懊悔，抑或是喜悦、荣耀与自豪的感受。这些真实的人生体验不仅仅是感知或者思维活动，而是真实的生命感受。

把人生视为一场体验之旅是一种智慧，所谓的成功与失败、拥有与失去、悲伤与喜悦都变成了人生的一部分，而不是我们要排斥、避免的东西。老子说"**无为故无败，无执故无失**"，当我们把人生视为一场体验之旅，所有的体验都是一种获得，而没有所谓的"失去与失败"。

狄尔泰在《历史中的意义》中说："人之所以为人，是因为人是由持续不断的体验过程组成，是连续的体验过程决定了我从始至终仍然是那个我。同样，一个个具体的人构成了整个人类历史，最基本的特征之一就是历史性。历史是一个连续不断的整体，不存在独立的历史事件和历史记忆，正如不存在孤立的人生经历和人生记忆一样。我们所有的体验都是具体时间和地点的记忆，不仅具有独特性，也具有整体性和连续性。人只有通过历史才能认识自己，而通过内省是永远无法做到这一点的。"这是狄尔泰诠释学的历史观，也是他的人生观。对于我们来说，正是所有的人生体验才塑造了独特的自我。

小结

这一章的主题是体验。生命是体验的总和,而不是经验的集合。体验是直接的生命感知,但它超越了单纯的感知,而是在情绪、情感、直觉和思想基础上产生的认识和体会。在本章中,我们首先谈到了人与人工智能的不同在于人拥有独特的生命体验,而人工智能只拥有丰富的经验知识。其次谈到了体验与经验的不同,体验是直接的、整体的、流动的和独特的。

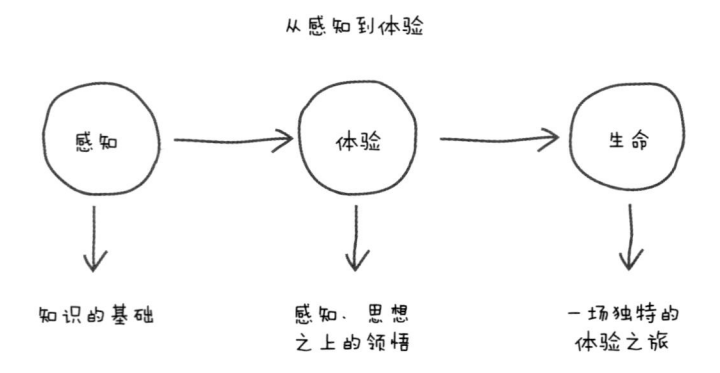

从感知到体验

感知 → 体验 → 生命

- 感知 ↓ 知识的基础
- 体验 ↓ 感知、思想之上的领悟
- 生命 ↓ 一场独特的体验之旅

哲思启示录

* 不论贫穷与富有，平凡与伟大，每个人的生命都是独特的，也是我们完全拥有的。要想不断丰富自己的人生体验，不仅要感知世界，也要有自己独特的领悟和体会。生命的宽度和长度或许各不相同，但是生命体验的丰富度和深度完全可以由自己把握，它们是一个人内在能力的体现。

* 把生命视为一场体验之旅，我们可以获得更加坦然的人生态度。要想提升体验的丰富度，我们需要积极参与其中，成为"运动员"，要有躬身入局的精神。这不仅仅是一种人生态度，也是一种人生智慧，因为绝大部分的人生智慧都是在实践以及对实践的积极反思中获得的。

05

情绪：你生气了吗？

畏之所畏者，就是在世本身。

——海德格尔

　　焦虑、抑郁成为现代人心理和精神健康的主要杀手，当今存在心理和精神健康问题的人的比例越来越大。不仅成年有此困扰，青少年群体的心理和精神健康问题也非常严峻。社会发展、科技进步带给我们丰富而便捷的物质生活，但我们的心理和精神世界却越来越贫瘠。我们的感官体验越来越丰富，而幸福指数却在不断下降。因为感知不仅带来了体验，也带来了情绪。情绪的本质是什么？情绪是如何产生的？人为什么会有焦虑、抑郁的负面情绪？本章内容会带大家从哲学和心理学的视角剖析情绪的本质。

情绪的本质

有一天放学回家,我看睿之腿上有一块伤疤,可能是摔跤或被撞到了。于是我问他怎么回事,他看着我满脸疑惑地说:"你生气了吗?"

我这才意识到,可能是刚才情绪有点着急,所以他认为我生气了。但仔细想想,为什么他会把我的"担心"描述成"生气"呢?也许是因为他看到我皱着眉头或者感觉我语气有点重,所以根据这些现象进行了思考,最后用"生气"来描述这种现象。当他给一个现象贴上"生气"的标签之后,不安情绪就同时产生了。

我们通常认为情绪是一种本能,来自对外在刺激的感知和直接回应。当我们在森林中看到一只熊、一条蛇,或是看到了狂风暴雨,我们就会本能地产生惊恐和害怕的情绪。但情绪并不全是环境刺激的直接反应,比如在一些文化中,人们看到熊并没有害怕的情绪,相反还会有逗它的冲动。有的小孩第一次看到蛇会主动抚摸它,但成年人一般不这么做,因为经验告诉我们蛇有毒且非常危险。小孩并没有"蛇"的概念,也没有积累起"蛇是危险的"的经验性认知。

喜怒哀乐是人之常情,是人感知到外界刺激后的本能反应。基于这样的理解,当我们情绪不好时,会认为要么是我们太敏感了,要么是环境的刺激因素导致的。所以,我们要远离低能量、有负面情绪的人,同时告诉自己,远离了那些人和环境,我们的情绪就能得到改善。

感知和环境对一个人的情绪感受有影响,但并不是决定性的。对一个人的情绪起关键作用的是认知,认知是我们运用知识或者观念对事物做出的判断,在这些判断里,有思维方式的影响,也有语言本身的影响。当我们在跟别人讲话时,对方有点心不在焉,或者在看手机,这时可能有人会认为对方不喜欢我们所说的内容,或者认为对方看不起自己,这一现象通常被描述为:轻蔑、反感、自卑等。当我们用这些语言概括这个现象,会很容易产生负面情绪,但实际上对方可能刚好心中有一个疑惑才导致注意力不集中,跟谈话内容完全没关系。自卑的人倾向负面解释,并且用一些消极的词语概括,放大了自己的情绪感受。

感知可以给我们带来直接的感受,但感受不是情绪,情绪是被认知放大的感受。从根本上说,情绪不是感知的直接反应,而是大脑认知构建的结果。

正如哲学家爱比克泰德所说:**"困扰我们的常常不是事情本身,而是我们对事情的看法。"**

心理学家认为,情绪的产生包括三个要素:感知、环境和认知。

影响情绪的第一个因素是感知,包括我们对外界的感知和我们自身的感知能力。每个人对外界刺激的感知敏锐度不一样，不同的身体状态对应的敏锐度也不一样，比如一个人生病或者情绪低落的时候，更容易感知到负面的情绪并进行消极联想。

影响情绪的第二个因素是环境，包括真实的社会环境和意识形态等思想文化环境。不同的社会和文化环境对我们的感知和认知会产生不同影响，比如身处儒家文化中的我们，对家庭观念和人与人之间的情感更敏感。

影响情绪的第三个因素是认知，认知是一种思维活动，思维的基本要素是概念或者观念，如人类创造出的日月星辰、山川河流，还有高低贵贱、富贵贫穷等名词概念。大脑会把事实解释为一些概念，比如把失业解释为失败，把失败解释为人生低谷，这样会加重我们的挫败感。但如果把失业仅仅解释为需要换一份工作，或者一次改变自己的机会，我们会产生不同的情绪感受。

我们通过感觉器官收集各种感觉信息，看到的物体、听到的声音、闻到的气味、感觉到的触感、品尝到的味道，以及体验到的各种情感，都只是我们认知的材料，它们包含连续的感觉信号。当这些信号抵达大脑时很容易发生变化，产生歧义。大脑的工作就是在信号抵达前对它们进行预测，填补遗漏信息，尽可能发现规律，进行概念化并形成判断，让我们对感知形成统一和稳定的认识。

但我们做的往往不是事实描述，而是价值判断。

想象一下，你正在很着急地赶去面试，但不小心摔在公司的大门口，摔跤所带来的疼痛感会让你有点生气，可这种情绪非常有限。但你想到今天是一次重要的面试，摔跤意味着运气不好。

而且你还想到了上一次参加一个重要汇报的经历，你早上出门时也摔了一跤，后来汇报失败了，你联想到了当时失落的心情，于是你对这次的面试也感觉到了一丝不祥的预感。

当你站起来的时候，感觉周围的人都在看你，大家在不经意地偷瞄你，好像还在窃窃私语。从他人异样的眼神和轻蔑的表情中，你感受到了深深的恶意，你的自尊心也受到了伤害，你陷入忐忑不安和深深的担忧中。实际上，在场的人可能完全没有注意到你，而你后来的面试也相当成功。但问题是你在等待结果的这几天，一直反复纠结这件事，紧张、忐忑、担忧、焦虑的情绪一直萦绕在你的心头。

摔跤是事实，让你产生了直接的感受。但坏运气、失败、恶意、轻蔑都是你对事实的看法或判断。带给我们困扰的常常不是事情本身，而是我们对事情的看法、态度、评价和意见。这些都是大脑认知加工的结果，你感知的画面、情绪和各种体验其实源于大脑对世界的判断，而且这样的判断往往是价值判断和道德判断，而不仅仅是事实判断。

感受是对感知的直接反应，而情绪是认知的结果。理解这句话，正是我们改善情绪的起点。

受到负面评价怎么办？

我们在日常生活中经常会面临各种负面情绪，很多人的情绪常常由别人的负面评价引起。我们应该如何调整认知，缓解负面情绪的困扰呢？这里介绍四个步骤。

第一，我们要意识到所有人在遭遇负面评价时，都会本能地产生负面情绪。自我意识越强的人，受到的负面打击越大，等同于别人在我们身上打了一拳。别人的语言攻击，就像对我们自我主体的侵犯或攻击。

但是，人与人之间面对负面评价的反应有很大差别。成熟的人首先做的不是直接基于本能做出反应，而是会暂停一下，克制自己的冲动。

第二，我们要意识到情绪来自认知，而不是来自感知。我们之所以对他人的评价产生负面情绪，很多时候不是因为他们的"语言"伤害到我们，而是大脑对他人评价的解读让我们产生了自我伤害。像是语言暴力会带来直接伤害，大部分的情绪感受都是我们对评价的解读带来的。同样一句话从不同的人嘴里说出来，我们的理解都是截然不同的。

第三，启动理性思维，是解决问题的开始。负面评价之所以会带来情绪，关键原因在于很多人遭遇负面评价时，很容易产生联想和认同感。比如别人说你是一个粗心的人，你就会很快想起之前粗心的经历，对号入座。一旦产生了这种认同感，就会激发自责、自卑、内疚、不自信等负面情绪，由此开启恶性循环。

所以，在理性评估之前，首先要把当下的事实和过去的记忆做一定区隔，尽量控制联想，而控制联想的关键是改变"语言"的性质。我们可以把"攻击""谩骂""否定""质疑"等词语，换成更中性的"评价"。"谩骂"和"质疑"很容易触发联想，而"评价"则比较中性。

第四，转换了语言的描述，我们还需要细分描述的"粒度"。在《情绪》一书中，心理学家巴瑞特提出了"情绪粒度"的概念，大多数人区分自己的情绪只有开心与不开心两种，这种情绪粒度非常粗略。实际上，情绪感受是一个非常复杂的体验。如果我们简单粗暴地把情绪区分成几种，那么很可能夸大自己的情绪，反而会更影响我们的情绪。

当我们准确地描述自己的情绪时，就能极大地降低情绪的负面影响。一个高情绪粒度的人，可以准确解读内心的情绪状态。如果一个人能够用"快乐""悲伤""恐惧""厌恶""兴奋""敬畏"来区分不同的情绪，那么他一定能发现每个情绪的生理线索或者反应，并能够正确解读它们，从而降低情绪的负面影响。

做好了语言的转换和描述的细分，我们就可以开始评估他人的"评价"属于什么类型。他人的评价可简单分成四个类型：

第一，人身攻击、情绪发泄。这时你只需区分情绪和事实就可以，如果只是攻击，可以反击或者远离，这类评价很难真的伤害到你。

第二，事实评价。比如别人指出你的文案有一个逻辑问题，但并没有说其他问题，这时你可能就会认为别人在贬低你写文案的能力，但别人也许是刚好看到了这个错误，只是提醒而已。要分清楚事实与评价，回归事实，不要做过度评价归纳，做错了改正就好。

第三，价值和能力否定。比如有人说你作为一个产品经理，怎么连基本的需求文档都不会写？这时别人是在质疑你的能力或者价值，不仅仅是质疑某个具体的事实，而且是放大了事实的影响范围。但你要区分事实与价值，看对方是不是做了过度概括或评价。不会写需求文档就不算是合格的产品经理吗？别人可能只是放大了事实，对事实进行了过度概括。如果你意识到确实是能力的问题，那就坦然接受，并提升能力。

第四，价值观和道德观否定，或者说信念的否定。这种否定的程度更高，带来的情绪对抗也更激烈。有人说你的人品有问题，或者说你是一个爱控制下属的领导，说你是一个只知道甩锅、没有责任心、没有担当的领导等，这时他们不是在否定你的能力，而是在否定你这个人，质疑你的自我主体性。这种攻击强度最强烈，所以我们的情绪反应往往也比较大。

如果评价者是你的领导、下属或者比较亲近的人，那么评价所带来的伤害是最大的。因为你会潜意识认为自己真的是这么一个人。

这时，"认识你自己"显得尤为关键。我们之所以受到负面评价的影响，根本原因是没有清晰而稳定的"自我认知"。我们对自己的能力、道德、价值没有清晰的定位，所以一旦遭遇外界的风吹草动，就会左右摇摆。

但有两点你需要意识到，第一，你的价值不会因为他人的评价而改变，他人的评价总是存在偏差。第二，你的人格品质不是由外在决定，而是由内在动机决定。大部分情况下你的动机没有问题，如果被人质疑，你就能判断这是一个误会。相反，如果被人质疑让你产生了很强烈的负面情绪，你就需要反思自己的行为动机是不是真的有问题。

总之，通过不断地自我反思，提升自我认知的水平，对自我道德感、价值感有越来越清晰的认识，你就拥有了更坚强的"内核"，其他人的负面评价很难伤害到你。因为你会根据自己的"内核"分辨他们的评价是否客观，如果客观，我们就需要再打磨我们的内核，如果不客观，可以平静而礼貌地回应。

相反，一个人缺乏对自我的清晰认识，会很容易陷入负面情绪的漩涡。一旦面临别人的否定和质疑，哪怕一个鄙视的眼神，一句简单的评价，都会郁闷半天。所以苏格拉底一生都致力于"**认知你自己**"，这是我们一生的修炼。不断在实践中打磨真实的自我，让自我变得既有韧性也有强度，你才能坦然面对外在的、内在的各种评价，更客观地看待它们，坦然面对，并理性回应。

焦虑是一种恐惧

每年高考前都有很多家长和同学咨询我，如何缓解高考带来的焦虑情绪？例如考试之前经常头痛失眠，情绪很不稳定，动不动就发脾气，专注力很差等。焦虑不仅仅是一种典型的负面情绪，也是现代人精神健康的杀手之一，如失业焦虑、关系焦虑、容貌焦虑、育儿焦虑、年龄焦虑、买房焦虑等。焦虑情绪非常普遍，而且随时都可能发生。有的人坐飞机担心失事，坐电梯担心故障，身体不舒服就担心自己患上了绝症。

焦虑极大地消耗我们有限的意志力资源，这种情况称为"精神内耗"。焦虑不仅让我们情绪低落，还给我们生理、心理、精神和行为产生负面影响。在生理上，它会引起心跳加快、肌肉紧张、恶心反胃和出汗等反应；在心理上，它让我们情绪低落、焦躁不安、敏感易怒；在思维上，它让我们注意力低下，容易精神紧张和疲惫；在行为上，它会极大限制一个人的活动能力、表达能力和处理日常事务的能力，使人自控力差、专注力差。

那什么是焦虑？焦虑是对未来不确定性的担忧和恐惧。

焦虑的人往往有一种不安全感、不确定感和缺乏掌控感，常常陷入一种莫名其妙的担忧和恐慌中。焦虑和恐惧不一样，恐惧有确定的对象，有心理预期。但焦虑则是恐惧情绪的升级，是对未来不确定性的恐惧。**焦虑的核心感受是缺乏内在的掌控感**，我们的意识、感受、思维和情绪经常被一些外在的东西所牵引。

我们需要从大的社会环境看，为什么当今人们的焦虑感越来越普遍。心理学家们指出主要有三个方面的原因：第一是生活节奏的加快；第二是生活方式和价值观的多元；第三是后工业时代人与人之间关系的疏离。

首先，我们身处一个高速发展的时代，就像坐上了一辆高速行程的列车。车速越快，我们越难控制，也就越容易恐慌和焦虑，工作、婚姻、人际关系、未来都变得不确定。其次，随着社会发展，我们的物质生活越来越丰富，看似拥有很多选择，实际上存在着"选择的悖论"。选择越多，不确定性越强，反而不知道什么是最好的、最适合自己的。就像面对琳琅满目的商品，无形中产生了一种压力和焦虑。最后，人与人之间的关系越来越疏离，也加重了焦虑情绪。随着社会发展，人们的自我意识不断加强，人越来越自由、独立和理性。但这也带来了一些负面效应，比如我们越来越孤独，而孤独感也是产生焦虑的重要原因。焦虑不仅影响我们的情绪感受和生活质量，也严重影响我们的人际关系和职场表现。

焦虑的来源很多，但是本质是对未来不确定性的担忧和恐惧，这里的关键词有三个：未来、不确定性和恐惧，对我们至少有两个启示。

第一，我们焦虑的对象不是事实，而是想象，它来自我们对未来的想象和判断，并由此产生负面情绪。第二，既然是想象，就意味着焦虑可以通过调整认知进行缓解和治愈。理解焦虑来自想象这一点非常重要，焦虑不是人对环境的直接感知，也不是人与生俱来的本性。焦虑是大脑对环境感知的二次评价，而且这些"评价"往往是负面和消极的。

当然，焦虑并非毫无根据的想象，而是基于事实和现状产生。焦虑情绪的产生有环境因素，也有个人性格特征的因素。失业时我们会面临压力，会产生基于本能的不安全感和恐慌，而且性格悲观的人对压力的感知更强烈。但如果这种情绪没有被认知放大，那么焦虑情绪其实是有限的。正如哲学家罗素说的，想象力才是人类欲望的边界。**认知其实也是情绪的边界。**

婴儿很少有焦虑的情绪，或者说焦虑情绪很短暂。婴儿时期有一种"分离焦虑"，就是父母一旦离开婴儿的视线，婴儿就会烦躁哭闹。但是父母再次出现在他们面前，他们的焦虑情绪就会瞬间得到缓解或者消失。

而成年人不一样，我们甚至还没有失业，就会在大脑中想象出失业后的场景。我们对未来有很多负面的判断，因而产生了焦虑的情绪。比如想到失业后家人的冷落、同事的嘲讽、房贷车贷的压力等，就会产生焦虑情绪。而且我们还会把这些负面场景贴上很多负面标签，放大自己的情绪。当我们想到失业后，大脑里就会出现失落、冷漠、鄙视、自卑等负面标签，实际上这大概率只是大脑的一种想象。

焦虑的本质是对未来不确定性的担忧和恐惧，接下来，让我们看看焦虑的三个重要因素。

首先是未来。虽然我们所担心恐惧的事情99%都不会发生，但我们依然会担忧和恐惧。我们绝大部分的担忧都变成了无效的精神内耗，消耗了我们宝贵的注意力资源。所以，有效缓解焦虑的办法就是将我们的注意力从未来拉回到当下。

其次是不确定性。我们的焦虑情绪来自不确定性，不确定性是指不可预测的、随机性的风险，意味着我们失去了内在的掌控感和安全感，而追求安全感是人的本能。按照马斯洛的五层需求理论，对生存和安全的需求是人最基本、最底层的本能需求。让不确定性变得确定有两个方法，一是树立清晰的目标并坚定执行，二是找到一件事中的最小确定性，从最小的确定性开始着手实践和改变，逐渐找回对生活的掌控感。千里之行，始于足下。清晰的目标和积极的行动是打败不确定性最好的方法。

最后是恐惧。恐惧原本是人类演化出的一种生存机制，当我们感知到安全受到了威胁，会本能地产生恐惧的应激反应。恐惧情绪是人类的一种生存机制，但我们今天的恐惧并不来自直接的生存威胁，而来自心理或者思维的想象，比如失去尊严、机会、信任、财富等，都足以让我们产生恐惧。

如何避免恐惧？不妨想想婴儿是如何应对分离焦虑的。有两个方法，一是让恐惧的事情变得熟悉，二是让想象中的恐惧变成现实。比如有人有演讲恐惧，那么就去不断练习，提前熟悉演讲场地，找到熟悉的听众，这些都是通过熟悉消除恐惧的办法。比如有人有社交恐惧，最好的办法就是经常主动找人聊天，通过不断实践和练习，让恐惧真实发生，这样也能消除大脑的恐惧。

爱攀比是因为你站得不够高

攀比焦虑是一种很常见的焦虑，当看到同事升职加薪、朋友买房买车、隔壁家小孩学习成绩好，我们很容易产生嫉妒，并对自己的现状感到焦虑。不仅现代人会因嫉妒、攀比产生焦虑情绪，古代思想家惠子也是一样。《庄子》里有一个庄子和惠子之间的故事。名家思想家惠子在梁国做宰相时，庄子前去看望他，因为他们本来是好朋友。但有人对惠子说，庄子来梁国是想取代你做宰相。于是惠子大为恐慌，心想这不是要让我失业吗？于是惠子派人在都城内搜寻庄子，整整三天三夜没有找到。

后来庄子自己前去见惠子，对他说："南方有一种鸟，它的名字叫鹓雏。它从南海出发飞到北海，不是梧桐树它不会停息，不是竹子的果实它不会进食，不是甘美的泉水它不会饮用。这时有只猫头鹰抓到了一只腐烂的老鼠，鹓雏刚好从空中飞过，猫头鹰抬头看着鹓雏大叫一声，想把鹓雏吓走，不要抢自己的老鼠。现在你也想用你的梁国来吓我吗？"

庄子说："**井蛙不可以语于海者，拘于虚也；夏虫不可以语于冰者，笃于时也；曲士不可以语于道者，束于教也。**"不能和井底之蛙谈论大海，因为它受到了空间的局限；不能和夏生冬死的虫谈论冰雪，因为它受到了时间的局限；不能和思维褊狭的人谈论大道，因为他受到了教化的约束。

我们经常说人要提升格局，格局不是肚量大、能容忍，而是能超越时间、空间和思维的局限性，站到更大的"视角"看待事物。庄子用鹓雏和猫头鹰的故事嘲讽惠子，惠子就像那只手里抓着腐烂老鼠的猫头鹰，那只腐烂老鼠就像梁国宰相的位子。而作为鹓雏的庄子，显然并不在乎梁国宰相的位子，就像鹓雏不在乎猫头鹰的老鼠一样。在猫头鹰的视角里，老鼠至关重要，而在鹓雏的世界中，老鼠变得一文不值。

当我们在职场只盯着自己的一亩三分地，那么周围的同事在我们眼中好像都是竞争者。实际上，你可能远远高估了它的价值，害怕同事抢了功劳，害怕下属超过自己，这些职场的常见焦虑实际上是自我格局小造成的。从更高更长远的视角来看，暂时的得失都是小事。就像在小朋友眼里，有一天没有交作业如同天要塌了下来，但二十年后回看便觉得都是小事。

担忧、焦虑、恐惧都源于我们对未知的想象，而之所以恐惧和担忧，是因为我们看重事物的价值，觉得它们至关重要，甚至不可或缺。但打败我们的不是事物本身，是我们对事物的评价。

要想提升自己的格局，应当把自己放到更大的"系统"中，和大系统的目标产生联系，成为大系统的一部分。即便你志存高远，不在乎眼前得失，也要将自身行为和大系统的目标产生关联，这是关键所在。此处可以结合系统思维来理解，梅多斯在《系统之美》中指出，一个系统包括三个要件：要素、关系、目标或者功能。它们组成了一个金字塔结构，任何事物都可以看成一个系统，并能用系统思维分析。

人体就是一个系统，我们的身体由各种各样的细胞以及由细胞构成的器官等组成，这是系统的"要素"。这些细胞或者器官之间并不是散乱组合，而是按照一定的结构关系构成，这是系统的"关系"。在这些可见的要素和关系之上，人体系统还有一个至关重要的目标或者功能，目标一般是相对于人来说，功能则是相对于其他事物来说。人体的目标是要生存下去，所有细胞、组织、器官都会围绕这一总目标而活动。

任何事物都能看成一个系统，一个杯子、一棵树、一本书、一栋大厦、大自然都是一个系统。除了这些有形的事物，一个家庭、一个国家、人类社会、一个项目、一段文字、一种思想、一个人的人生等无形事物也可以看成一个系统。系统中的要素和关系往往是可见的，但系统中最重要的却是不可见的目标和功能。

如果把人生看成一个系统，那么人生追求和梦想就是系统的目标，人生所有经历构成了系统的要素和关系。

一个系统中的要素的价值，由系统的目标或者功能决定。比如在一个公司中，如果公司的目标是赚取更多的利润，那么与该目标关系更强的员工价值更高，如销售和市场人员。而如果公司的目标是积累核心技术优势，那么跟这个目标相关的技术人员价值更高。总之，在一个系统中，要素和关系的价值由系统的目标决定。

所谓"格局大"，就是站到更大的系统中，从系统的目标审视要素和关系的价值。**人无远虑，必有近忧**。按照系统思维也可理解为：**如果你没有更远大的人生目标和理想，就很容易受眼前的各种事情的困扰**。如果你的目标是成为企业管理者，那你就不会为一些小事跟同事争吵。

反过来说，一些看似微不足道的小事由于和更大系统的目标产生了关联，也会被赋予重要价值。比如很多成功人士在生活中反而非常简朴，甚至有点斤斤计较。这看似跟"大格局"背道而驰，实际上是因为他们把"简朴节俭"的生活方式视为一种人生态度或者人生目标。比如有的人在工作上宁愿吃亏也要不断付出努力，这在旁人眼中看起来不可理解，但或许他们正不断靠近人生目标。正如管理学家稻盛和夫所说："**努力工作的彼岸，是幸福的生活。**"当一个普通的行为和系统目标产生关联时，这个行为就成了系统的一部分，也会变得更有价值。

如果你盲目努力，没有把努力放到人生理想这个大系统中，那你的努力就没有价值依据，越努力就越迷茫越困惑。如果有着长远而坚定的人生理想，那么任何微小的努力都会变得意义重大。

所以，从不同"系统"审视行为，会赋予行为不同的价值。惠子看重梁国宰相的职位，把它视为人生中至关重要的东西，赋予它重要的价值。但是梁国宰相的职位对庄子来说没有价值，因为他们身处两个完全不同的人生系统中。虽然这种选择并无贵贱之分，但有大小高下之分。惠子被困在一个更小的系统中，因而很在乎宰相的职位，就像猫头鹰因视野狭小，只在乎眼前的老鼠一样。庄子用鹓雏的志存高远来对比猫头鹰的鼠目寸光。有时你之所以感到焦虑，是因为没有看到更大的系统目标。

焦虑的积极意义

焦虑通常被认为是一种负面的情绪，但是哲学家海德格尔则把"焦虑"上升为一种本体论哲学。焦虑是人的本质属性，是人无法摆脱的存在状态。海德格尔认为人永远都生活在焦虑和畏惧中，正是这些情绪让我们得以显现出自身的存在，逼迫我们走向本真的自己。

海德格尔指出人有两种存在状态：本真的存在与非本真的存在。当我们结束了一天的工作，非常疲倦地躺在沙发上毫无目的地玩着手机，就是一种非本真的存在，也是一种"消极的状态"。在这种状态下，我们逃避责任，不用思考，所以感觉比较轻松。

不过，我们会逐渐意识到还有未完成的工作、明天的汇报、当月的房贷车贷，想到这些我们会开始有一些焦虑的情绪，逐渐从非本真的状态进入本真的状态。我们有自我意识和选择自由，可以挣脱非本真的状态去选择更多可能性，这个过程就是"操心"或者"挂念"。所以海德尔格说：**"挂念是人的本质。"** 挂念、操心也是一种焦虑，我们的意识会被某些东西牵挂着。

海德格尔讲过一个关于"挂念"的寓言故事。有一天，"挂念"过河的时候看到大地上有一块黏土，就把它拿起来塑造成"人"。后来他看到了掌管精神世界的天神朱庇特，就请天神赐予这块土精神，天神很慷慨地答应了他。挂念把黏土塑成后，本想用自己的名字"挂念"来称呼他，但是天神说："不行！是我给了他精神！"大地也说："不行！你拿的是我的黏土！"

他们争执不休，于是请"时间"来当法官。时间宣判："天神既然给了精神，那么在人死后，你取回他的精神；大地既然给了身体，那么在人死后，你取回他的身体；挂念最先塑造，所以就让挂念来掌握。现在因为取名字而起争执，可以将他取名为人。"海德格尔通过这个故事生动地展现了人这一生都由挂念来掌握，人活在世界上，一生都在挂念之中，人的本质就是挂念。

这里的挂念，其实和尼采与叔本华思想中的"生命意志"类似。在叔本华的思想中，任何事物都有"意志"，就连一块石头也有"向下掉落"的意志，只是它无法掌控这种意志而已。而在尼采的哲学中，每个人都可以通过掌控生命意志实现真正的自我。所以，在海德格尔的哲学里，人的"挂念"本质就像事物的"生命意志"一样，区别在于人可以掌握生命意志或者说挂念。

花草树木虽然有生命意志，但是没有觉醒，无法掌控自己的生命意志。但是人可以，因为人有自由选择的能力，可以对自己的行为做出改变。改变分积极与消极，是什么影响了人从沉沦的状态走向"本真的状态"呢？

海德格尔说，是对死亡的畏惧。"畏"字在海德格尔的哲学中具有重要意义，海德格尔说，"畏之所畏者，就是在世本身"。简单来说，人是被抛入这个世界的。我们与生俱来就带有"畏惧"，就好像一个小孩被抛入了一个陌生而又黑暗的世界中，这种畏惧感会伴随我们一生。所以海德格尔说："畏作为现身情态是在世的一种方式。它像一个生存的场域一样，把人的生存、实际性、沉沦等编织在一起，构成了我们整个生命。"

在海德格尔看来，畏惧和焦虑的根源在于我们能意识到自己有选择成为谁、拥有什么生活的自由，但是这种选择的自由会伴随着巨大的困难甚至压力。从本质上说，焦虑能让我们活得更真实。它不仅关系到我们可以选择什么样的工作、跟谁在一起、什么时候买房买车等，还关系到我们能否发挥最大的生命潜能并获得幸福。从这个角度看，焦虑是我们成为真实自我的起点，它让我们开始意识到人生的种种可能性，并让我们思考是否要为之而努力。

只要我们有意识、有所期待、有选择的自由，我们就有挂念、操心、焦虑和畏惧的情绪反应。试想，一个人了无牵挂，或者根本没有任何选择的自由，就不可能焦虑。从这个角度看，焦虑不仅是一种情绪，还是一种促使我们迈向本真自我的驱动力。

不要让欲望超过能力

美国心理学家埃利斯提出了"情绪ABC"理论，即我们的情绪不来自直接的事实和感知，而来自我们对感知的评价。A是感知和事件，B是信念，而C是情绪结果。情绪是认知的结果，不来自事实，而是由于我们的思想观念放大了对事实的感受。欲望也是很重要的因素，当现状和欲望之间产生了巨大的鸿沟，我们就会产生痛苦、难过与悲伤等情绪，当我们将鸿沟解读为自卑、无能时，就会产生更强烈的情绪感受。

"让我的欲望不要超过我的能力。"这是哲学家笛卡尔的座右铭。

欲望是人生很多痛苦的根源。老子说："少私寡欲，绝学无忧。"叔本华说："生命就像一团欲望，欲望得到了满足就会无聊，而欲望得不到满足就会痛苦，人生就像钟摆，在痛苦和无聊间左右摇摆。"和叔本华对欲望的全面否定不同，荀子说："性者，天之就也；情者，性之质也；欲者，情之应也。以所欲为可得而求之，情之所必不免也。"人的本性来自天性，人的情感是本性的本质，而人的欲望是情感对于外界事物的反应。认为欲望能够获得满足就去追求，这是不可避免的情感；认为欲望能够达到就去实行，这是人的智慧必然要做出的选择。

荀子区分了天性、本性、情感和欲望，并阐述了欲望的来源。欲望是在情感和外物的接触中，由情感驱动产生。很多人对欲望持抵制与排斥态度，但荀子不同，他不仅认为欲望是人的本性的延伸，还认为欲望的有无相当于生与死的差别。人都有欲望，可欲望并不是洪水猛兽，不需要完全遏制，而需要正确地引导。

有情感的人就会有欲望，想避免欲望引发的过度情感，就要正确认识欲望。让我们用哲学的"放大镜"区分需求、欲望和渴望吧。

从广义上说，欲望是人和其他动物的本性，没有善恶美丑高低贵贱之分，只是一种本能。学者孙利平将欲望分为四个层次：生存本能欲望、群体依恋欲望、自我实现欲望和精神欲望。

从狭义上说，欲望分为欲望和需求两种。生存欲望和群体依恋欲望更多是一种本能，或者说是一种需求，而自我实现和精神欲望，才是真正的欲望。一切动物和植物最基本的欲望就是生存，这也是一种需求。而欲望是人类特有的需求，一种过度的需求。

人和动物的一个重要区别在于人除了满足需求外还会追求欲望。狮子捕获了大型猎物，吃饱后就会走开，让其他同伴享用；羊吃饱后，不会争夺或嫉妒其他羊嘴里的食物。你每天满足于粗茶淡饭，直到有一天你听说邻居每天大鱼大肉，顿时感觉粗茶淡饭不香了，你想要更多的山珍海味。欲望不仅是我们痛苦的重要来源，往往也是罪恶的根源，人类为了满足一己私欲而善于作恶，这在自然界里可以说是独一无二。

心理学家乔丹·彼得森说："只有人类可以为了制造痛苦而折磨他人，只有人类拥有这种令人发指的能力，其他动物做不到这一点。我们可以在预知后果的情况下，主动或者刻意让事情变得更糟糕。在数百万年的进化中，人类进化出了很多罪恶和悲观的本性。"

西方说人有"七宗罪":傲慢、嫉妒、愤怒、懒惰、贪婪、淫欲和暴食。丑陋、羞愧、惶恐、自卑、懦弱、愤恨和抱怨等都是人性悲观的一面。而这些特殊本性,便是人类欲望的驱动和理性的副产品。

我们可以为了满足欲望而不择手段,而动物不会。满足需求是必需的,但满足欲望不是必需的。所以斯多葛学派的哲学家爱比克泰德提醒我们,要时刻问自己,什么是我们能控制的,什么是我们不能控制的,我们就能够克服无助和绝望所带来的痛苦。满足基本需求是可控的,而满足欲望往往在控制之外。

欲望让我们产生额外的、不必要的痛苦,但是另外一方面,欲望对人来说也是必不可少的。欲望是人的本性,我们不需要完全消灭欲望,而是要进行合理的引导和克制。

人不可能没有欲望,关键在于我们要培养良好的欲望,也可称之为渴望。

欲望和渴望不一样,欲望是超出需求的需求,是一种不正当的需求,而渴望是一种正当的需求。哲学家卡拉德有一本书叫《渴望:成为自主的过程》,作者在书里分析了渴望的价值。小时候,我们经常会被问到,长大了想成为什么样的人,我们的答案会是科学家、艺术家、老师等,这是长辈们在我们内心种下的渴望的种子。渴望来自每个人内心深处对美好的向往。

那如何区分欲望与渴望呢?

首先,它们在目的上不同,欲望更关注目标的达成,而渴望更关注过程的体验;其次,它们在需求上不同,欲望更关注外在的物质需求，而渴望更关注精神需求；最后，它们在感受上不同，欲望会让我们因为没有获得结果而焦虑，而渴望可以让我们因为体验过程而愉悦。

通常情况下，欲望来自大脑的想象和人在外部环境的刺激下诱发的向往。你追求奢侈品是因为你的朋友们也有，但你希望成为一个画家并不是因为画家更挣钱，而是你内心存在一种渴望——成为更好的自己，这个自己是符合内在价值观的。

欲望往往跟物质相关，而渴望更多的是一种精神追求。欲望让我们更关注结果，买奢侈品后你会很满足很开心，但是在没有拿到奢侈品前，你会痛苦和焦虑。而渴望让我们更关注过程，你渴望成为一名画家，就会享受每天画画的过程，哪怕你永远成为不了一位画家，但是你每天都会感觉非常有意义。因为你知道自己有渴望、有追求。

渴望会产生一种积极向上的动力，追求渴望的过程是赋予自己人生意义的过程。一位程序员渴望成为古典音乐人，所以他在闲暇之余享受古典音乐带来的幸福感，但或许他永远不会成为古典音乐人。渴望的意义在于它会让我们有更高的价值追求，不满足于当前，而去探索和成为更好的自己。对欲望的追求会让人性堕落，对渴望的追求会让人性积极。

就像万维钢所说的，我们庆幸人有渴望的能力，否则每个人都会一直沉浸在自己现有的价值观中，不愿意探索新的价值观，这样的世界就太没意思了。

诺贝尔文学奖获得者、日本作家三岛由纪夫在代表作《金阁寺》里面说："每个人心中都有一座金阁寺，装着我们明知道不可能，还是极度渴望和向往的东西。在这个平庸无趣的世界里，给我们虚幻的慰藉，也给我们长久的折磨。如果你心中有一个放不下的执念，那么一定会被金阁寺无与伦比的美所打动。"

小结

这一章的主题是情绪。情绪来自感知的直接反应，但感知只给我们带来了感受，而情绪的产生是认知构建的结果，或者说是认知放大了我们的情绪。情绪的本质是认知，焦虑的本质是对未来不确定性的担忧和恐惧。情绪不是与生俱来的，而是可以通过调整认知得到改善。在这一章节的内容中，我们介绍了缓解焦虑情绪和负面情绪的具体方法。

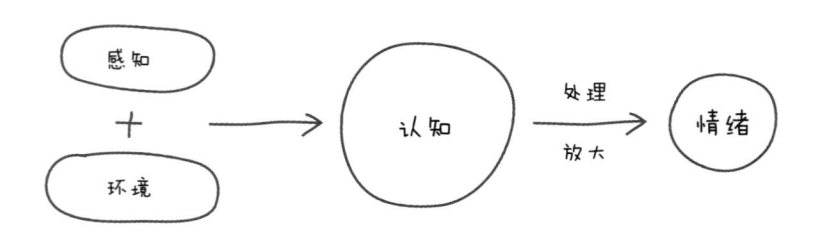

哲思启示录

* 我们继续用哲学的"放大镜"审视了情绪的内部结构，介绍了情绪与感受的区别，感受是对感知的直接反应，而情绪是被认知放大的感受。情绪的产生与自身和环境相关，但关键在于认知的结果。所以，当我们意识到自己产生情

绪后，要尽快启动理性大脑，才能从情绪中抽离出来，更好地管理情绪。

* 我们介绍了一种典型的负面情绪——焦虑，也介绍了现代人产生焦虑的社会环境原因，从哲学上探讨了焦虑对于生命的积极意义。适当的焦虑感可以促使我们做出积极的行动和改变，但是我们也需要意识到长期和强烈的焦虑感是一种精神内耗，会给身心带来巨大伤害。

* 我们还介绍了应对负面情绪的四个步骤，核心是从认知上区分不同的情绪来源，用理性思维对抗情绪感受。情绪管理是一个很大的话题，不仅需要我们改善认知，也需要我们在实践中不断练习，比如建立良好的社交关系、构建和谐的家庭氛围、积极运动、亲近大自然以及保持正念冥想的习惯等，这些都是改善情绪的具体办法。

06

语言：我是一个坏孩子？

我的语言的边界,就是我的世界的边界。

——维特根斯坦

　　语言是我们理解世界的工具和符号,同时也塑造着我们对世界的理解。语言与自我、语言与世界之间是什么关系?本章我们将从哲学的视角剖析自我、语言、世界之间千丝万缕的关系。

从语言暴力说起

有一天,睿之放学回家后委屈地告诉我,同桌的橡皮擦不见了,怀疑被他拿走了,于是说他是个坏孩子,是一个"小偷"。我问他:"你拿了同桌的橡皮擦吗?"他说:"没有。"我问他是事实重要,还是别人的观点重要?他说当然是事实重要,但是他还是感觉很不开心。

每个人小时候都会遭遇不同程度的语言暴力,长大后在职场、生活、网络上也都可能遭受各种各样的语言暴力。通过语言对他人进行人身攻击、道德谴责、价值贬低,实际上是把语言当成了武器,对他人实施伤害。

下面我们先从三个维度理解语言:

第一,语言与世界的关系。

第二,语言与人的关系。

第三,语言与自我的关系。

语言并非世界的客观呈现

哲学家维特根斯坦说:"语言的边界,就是世界的边界。世界是事实的总和,语言是命题的总和,命题是事实的图像。"维特根斯坦作为语言分析学派的哲学家,在前期的思想中构建了语言与世界的逻辑关系。我们借助语言这一工具描述世界,表达自我。语言仿佛是我们与世界之间的一座桥梁和一个通道,我们通过语言描述世界、表达思想、建立沟通。

但语言就是世界的客观呈现吗?显然不是。语言是对表象的描述,这种描述常常自带偏见和谬误。有两个主要原因,第一是语言的基本概念是对表象的抽象,第二是概念中常常包含类比和隐喻。无论抽象还是隐喻,都扭曲了我们对世界的理解,这是为什么呢?

康德说,我们的知识基于两个要素:直观和概念。一切知识,也就是一切伴随意识的客体表现,不是直观就是概念。直观即感觉直观,即我们通过感官直接获得的感知,如颜色、气味、声音、触感等。直观是具体而特殊的,每个人看到的天空颜色不一样,每个人眼里的苹果也不一样。

而概念具有普遍性,概念是对普遍的表象或者反思的表象的命名。我们看到同一片天空,感知到了色彩,这时我们用"蓝色"这一概念描述天空的颜色。"蓝色"的概念指代了天空的颜色,指代了普遍的表象,把我们每个人看到的不同色彩以及不同地方看到的类似颜色,都统一为一个概念:蓝色。

所以，概念的起源以我们对事物区别的反思和抽象为基础。为了区别不同色彩，我们命名了蓝色、红色和黑色等色彩的概念；为了区分不同的水果，我们命名了香蕉和苹果等水果的概念。概念是对事物表象的抽象，来自人的反思。具体来说，概念的产生分为三个步骤：比较、反思、抽象。

首先，把一些表象在相互关系中进行比较，以达到意识的统一。其次，反思如何把不同的表象把握在意识里面。最后，抽取其他共同表象进行命名。

比如，当我们看见一棵松树、一棵柳树和一棵菩提树。先将这些对象进行比较，注意到它们在"干""枝""叶"等方面互不相同，但我们也注意到它们的"干、枝、叶"有共同之处，并抽去了这些表象中的不同部分，比如大小、形状等，最后我们得到了"树"的概念。经过比较、反思、抽象这三个步骤，便能得到一个概念。我们常常把概念称为"抽象概念"，意味着抽去了一些不同的表象，所以叫"抽象"。

概念意味着我们找到了事物之间的普遍性或者共性，同时也意味着我们去掉了事物之间的差异和个性。从概念中略去的事物的区别越多，概念越抽象。比如苹果、香蕉的概念和水果的概念，显然水果的概念更抽象。

康德说，每一个概念，都作为部分概念包含在事物的表象中，而作为知识的根据，都将这些事物包含在其中。这产生了概念的两个属性：内涵和外延。比如"苹果"这个概念包括苹果的颜色、味道等事物的表象；而"苹果"这个概念的外延，包括所有具体内涵的苹果。就像"深圳人"这个概念的外延包括所有称为"深圳人"的人一样。概念的内涵和外延成反比，外延越大，内涵越小，反之一样。金属概念是对金、银、铜等的抽象，金属概念表象的事物要比铜概念表象的更多，外延更大，但金属概念的内涵，并没有金、银、铜等概念描述的表象更具体丰富。

根据概念的外延范围不同，有较低概念和较高概念的层级区分。比如人的概念相对于亚洲人的概念是较高概念，而人的概念相对于动物的概念是较低概念，因为动物的概念外延要比人的概念更大。较高概念由较低概念不断进行逻辑抽象而产生，无法再进行逻辑抽象的概念，就是类似"完满"的概念；反之，较低概念由持续的逻辑规定不断产生，而无法再进行逻辑规定的概念，就是经验直观。所以从直观到概念是一个不断抽象的过程，而从概念到直观是一个不断具体的过程。举个例子，在道家思想中，"道"这个概念就是一个再也无法抽象的概念。在黑格尔哲学中，"绝对精神"的概念就是一个再也无法抽象的概念。它们都是最完满的概念，或者说最高的概念，也是外延最大的概念。

我们将借助概念的知识称为思维，或者说思维建立在概念基础上，没有概念就没有思维。大脑中只有个别模糊的印象、图像或者意念，没办法进行有效的思维活动，更不用说表达交流。但概念本身并不是对世界的客观呈现，而是对世界的抽象。抽象意味着损失了一些表象，所有的概念本质上都是抽象的，都只强化了事物的部分表象。

从这个角度看，概念总是存在一定程度的偏见，不仅如此，概念常常具有价值和道德属性。当一个人的行为被描述为抄袭、模仿、效仿、借鉴的时候，这四种描述指的都是抄袭。但是因为所用词语不同，我们的情绪感受也不同。我们不仅用概念抽象概括地表达事实，也赋予了概念不同的价值感和道德感。相较于抄袭，借鉴一词减轻了道德谴责。所以，用概念或者观念准确表达非常重要，并且谨慎赋予概念以价值和道德，这样会避免很多不必要的误解。

语言是我们表达思维的工具，语言是思维的表象，语言和概念的丰富度代表了思维的精细化。日常生活中，一个人语言中概念的丰富程度代表了一个人的思维精细度。比如一个优秀的设计师能区分五种不同的蓝色，而一般人只能区分淡蓝色和深蓝色；一个优秀的心理学老师可以用几十个词语准确区分情绪感受，而很多人只会用"开心"或者"不开心"表达情绪。实际上当我们用更准确的概念表达情绪感受，就可以产生更细致的心理体验，当然也能更容易针对负面情绪找到解决方法。

语言和概念的丰富度一定程度上反映了我们认识一件事的精细度和深度。中国自古就是礼仪之邦，对礼仪道德有深入理解，这也反映在了语言和概念上。

在《荀子·荣辱》中，荀子用了近百个词语区分君子和小人的不同品质：明智、忠诚、谦虚、浅陋、仁义、单薄、安定、放荡、窘迫、慎重等，其精细程度让人非常震撼。中文里有几百个跟"马"相关的字，这是因为"马"在古代是重要的交通工具和军事工具。因纽特人可以用几十个词语形容不同的"雪"，也是因为他们曾经深入研究和学习如何充分利用"雪"。

真的是 PUA 吗？

语言是对现象的抽象，越抽象的概念对现象的概括性越强，对现象的理解越模糊。我之前在沙龙活动上跟一些企业管理者交流，有位同学讲了一个很多管理者都碰到过的情况。有一次他很真诚地跟下属交流，希望能帮到下属，后来得知这位下属跟其他同事抱怨领导在"PUA"他，这位朋友当时非常沮丧。

PUA 的全称是 Pick-up Artist，指一方通过精神打压等方式对另一方进行情感或者精神控制。我们今天经常用"PUA""画饼""躺平""内卷"来描述一种状态或场景，人际交往中我们也常常给别人"贴标签"，企图用一些抽象的词语概括复杂而真实的体验，这不仅是一种偏见，还会引发不必要的情绪反应。当你把对话定义为"PUA"时，就会本能产生抵触和对抗的情绪。

我们习惯用一些看似新潮的词语描述复杂而真实的处境和状态，这其实是一种思维上的懒惰。我们希望用最简洁的方式理解世界，最好能用一句话或者一个词概括。但这种想法不仅是思维上的投机取巧，也存在危险性。因为你正在用语言替代体验，这种"过度概括"会带来不必要的情绪反应。

情绪通过三种因素构建而成：感知、概念和社会环境。

当今的信息化社会，人们的感知能力正迅速降低，人与人之间的交流大部分依靠文字。文字中有很多抽象的概念，所以"概念"这个因素在表达中至关重要，观念就是每个人对概念的认知和理解，是人主观上对概念的认识。

通过观念构建的情绪很容易被放大，比如今天的人们普遍更容易"愤怒"或有"易怒"体质。同样一件事，在网络上沟通很容易产生歧义，而见面沟通气氛会更缓和。

在《为什么我们会生气》这本书里，作者指出愤怒的本质有两个：第一，认为自己遭到了不公平的待遇；第二，达成目标的行动受阻。愤怒往往来自对感知的评价，而在这个评价过程中很容易产生五个思维误区，最为典型的就是"过度概括"。比如下属将与领导的对话概括为"被PUA"，这就是过度概括化，很容易产生夸张的情绪感受。

过度概括在我们日常语言中很常见，我们会评价一件事是好事或者坏事，评价一个人是好人或者坏人，都是一种典型的过度概括。我们还习惯用很宏观、抽象的概念概括一件事，并称发现了一件事的"底层逻辑"或者洞察了一件事的"本质"，这实际上是简化了对复杂世界的理解。

有人认为"社交的本质就是利益交互""痛苦是对自己无能的愤怒"等，这些类似于金句的东西看似醍醐灌顶，其实大部分都充满了偏见和谬误。我们只是用它们简化了对世界的理解，或者说对真实的世界进行了"过度概括"。

从语言分析的视角看，一个概念越是抽象，外延越大，内涵越少。也可以说它带来的伤害很大，但并没有反映多少真实的情况。这无异于把所有人分成好人和坏人一样，不仅毫无意义，还会引发很多不必要的对立情绪。从名实之辩的视角看，很多人从语言中理解世界，企图在语言中获得真实的体验和感受，却忘记了我们的真实体验应该来自现实。现实是复杂但真实的。

我们要警惕语言对现实的扭曲，正如庄子说："**荃者所以在鱼，得鱼而忘荃；蹄者所以在兔，得兔而忘蹄；言者所以在意，得意而忘言。**"荃是用来捕鱼的，捕到鱼就可以忘掉荃；蹄是用来捕兔的，捕到兔就可以忘掉蹄；语言是用来表达思想的，领会了思想就可以忘掉语言。

语言是我们认识和理解世界的工具，但并不是世界本身，不要生活在语言中，而要跳出语言的束缚，来到真实的世界。正如维特根斯坦所说："**我们走上了冰面，那里没有摩擦，因此条件在某种意义上是理想的，但是我们恰恰因此而无法走路了。我们想要走路，因此我们需要摩擦。回到粗糙的地面上来吧！**"

感受真实的体验，而不是从语言中获得体验。当我们把一场可能真诚的对话概括为"PUA"时，不仅掩盖了真实的情感交流，也会带来很多不必要的情绪冲突。

人是隐喻性的动物

概念不仅来自对现象的抽象，还包含大量隐喻。隐喻是一种修辞手法，经常在文学和艺术作品里面出现，比如《诗经》的开篇："关关雎鸠，在河之洲；窈窕淑女，君子好逑。"关雎是一种可爱的水鸟，我们用关雎的相互鸣叫隐喻男女之间的爱情。在我国古代的诗词歌赋里，隐喻经常作为一种文学和艺术的修辞手法出现，是一种表达的辅助手段。

但语言学家莱考夫告诉我们，隐喻远远比我们想象得重要很多。没有隐喻就没有概念，没有隐喻就没有语言，没有隐喻人们就无法正常交流。隐喻参与到了认知的整个过程，它无处不在。而且，我们的思想和语言所依据的概念系统，是以隐喻为基础构建起来的。从某种程度上说，人是隐喻性的动物。

互联网、人工智能、人生、命运、爱情、时间、知识等概念是纯粹抽象的概念，它们并不指称具体的事物，但这些概念在我们的日常语言里面经常出现。我们把这些抽象的概念和具体事物进行关联，通过具体事物的内涵来理解新概念的内涵。莱考夫在《我们赖以生存的隐喻》中提出了三种典型的隐喻：本体隐喻、方位隐喻和结构隐喻。

首先是本体隐喻，这是一种最基本的隐喻方式，它把事物、活动、情感、想法等看成实体和物质的一种隐喻形式。比如有人问：最近失业了，如何走出人生的低谷？人生是一个抽象的概念，怎么会有低谷和高峰呢？这说明他把人生隐喻为一场攀登高峰，有高峰就有低谷，而且他想逃离低谷。但如果我们把人生隐喻为一场旅行，那么就无所谓高峰低谷，沿途都是风景。切换一个隐喻就切换了我们看待现状的视角，能够调整我们的情绪和状态。

我们常说"时间就是金钱""知识就是力量"，通过把时间隐喻为金钱，把知识隐喻为力量，可以让人认识到时间和知识这些高度抽象的概念。把抽象的时间隐喻为实体的金钱是一种本体隐喻，如果没有这样的隐喻，我们很难描述和传播时间的宝贵。人力隐喻为资源、洪水隐喻成猛兽、知识隐喻成大厦、婚姻隐喻成长跑等，都是典型的本体隐喻。

　　本体隐喻的基础是直接感知经验，它将抽象的事物用现实可见的事物进行关联表达。本体隐喻中有一种重要的隐喻叫容器隐喻，这种隐喻来自我们对身体的直接感知。人是一种物质的存在，由皮肤包裹起来，这样可以跟外界隔离。换句话说，人体就像一个容器，有内外之分，借用对容器的隐喻可以建立起很多概念。比如"你走进了我的内心世界""我们步入了婚姻的殿堂""恋人正处于热恋之中""贫穷退出了历史""病人脱离了危险""某人进入了我的视野""你进入了心流的状态"等。

　　显然，内心、婚姻、危险、热恋、幸福、历史和视野都是抽象概念，而通过把它们隐喻为容器，就可以"把病人从危险里面拿出去"，也可以"让一个人放置到我们的视野里面"。这些表达都借用了容器隐喻，让我们更容易理解抽象的概念。在实体隐喻作用下，我们能把抽象的概念看成一个个实体或物质，然后就能指称它们，并把它们归类、分组、量化，或者进一步分析推理。比如当我们把人力隐喻为资源时，我们就可以对其进行量化、细分、分级和进行考核评估。

　　其次是方位隐喻，它是把事物、活动、情感、想法看成是有方位的一种隐喻形式。如"天天向上""上善若水""位高权重"等表达中就使用了方位隐喻，"上"是一个方位的概念，而"善"是一个道德概念，方位隐喻经常和我们身体所呈现的状态结合在一起，形成价值判断。人在精神状态好或者理直气壮的时候，身体会更加舒展挺立，而在悲伤、痛苦或者胆怯的时候，身体会弯曲。所以快乐、健康等状态就和高、上、直产生了关联。

时间看不见摸不着，所以我们借助"方位隐喻"来理解时间。"时间过去两小时了""未来就在前方""上午和下午""下一个星期再见"等表达由于借助了方位隐喻，让我们能更好地理解时间。时间就像一条路或者一条线，有前面和后面、过去和未来之分。此外，时间还借助了本体隐喻，我们会把时间隐喻为运动的物体，比如"某某时间即将到来"，如同一个物体正向我们运动过来；比如"时间已经过去很久了""时光飞逝"等，如同这个物体已经跟我们擦身而过。

方位隐喻和本体隐喻都来自我们最直接的感知经验，我们身处在现实世界中，身体和其他物体有着位置上的差异，自然会有上下左右前后的空间感。方位隐喻经常和我们身体所呈现的状态结合起来，形成价值判断。

最后是结构隐喻，就是把一组概念结构，直接对应到另外一组概念结构。比如经常把"争论"隐喻为"战争"，于是会有很多类似战争的概念在争论中使用。如"你的话非常有攻击性""我在捍卫自己的立场""我赢得了这次争论""你在挑战我的观点"等，通过这样的隐喻，我们创造出了很多新概念。

语言中很多概念是通过隐喻构建起来的，但要注意的是，隐喻构建起来的概念会突出和强化事物的部分特性，并不是对事物的完整描述。比如把婚姻隐喻为爱情的坟墓，就强调了婚姻悲观的一面；把时间隐喻为金钱，就强调了时间的价值性等。

我们介绍了语言中的两种典型概念，一种是抽象概念，另一种是隐喻概念。实际上它们都不是对真实世界的客观呈现，而是在不同程度上扭曲了我们对世界的理解。换句话说，语言是我们理解世界的工具，反过来语言也塑造甚至限制了我们对世界的理解。

输在起跑线并不可怕

"不要输在起跑线上"是让很多父母产生育儿焦虑的导火索。在这种思维的影响下，父母看到别的小孩很优秀，就会对自己的小孩产生焦虑。

首先，"不要输在起跑线上"意味着父母把孩子的人生看成了一场田径比赛，这是一种本体隐喻。把人生隐喻为比赛意味着小孩之间存在竞争关系，而比赛就有胜利者和失败者。只有少数人是成功者，但谁也不希望自己的小孩成为失败者。所以，我们处处和别人家对比甚至是攀比。但这种隐喻对吗？人生为什么一定要被隐喻为比赛，人生中真的只有少数的成功者吗？

其次，如果这是一场马拉松比赛，就算输在起跑线上又有什么关系？这个隐喻其实还暗示了小孩们是在进行短跑比赛，只有短跑比赛的"起跑线"才重要。

从田径比赛到短跑比赛，这无疑又加重了我们的紧张感。短跑比赛要争分夺秒、寸步不让，而且要一口气跑完。在这样的隐喻下，父母和孩子的压力可想而知。

但人生真的是短跑比赛吗？如果一开始用力过猛，剩下的人生可能会在筋疲力尽中度过。现在很多家庭的小孩就是这个状态，考完大学后就觉得自己的人生目标完成了，人生的短跑比赛结束了，可以放纵了。但进入大学甚至走出大学校园的，很多人的人生才刚刚开始。

正如语言学家乔治莱考夫所说：**"你有什么样的隐喻，就有什么样的人生。"**

如今，面对人工智能和数字化时代的高速发展，我们很难预测未来会变成什么样。但我们从小所学的知识在未来的价值将越来越小，因为我们所学的知识大多基于过去经验的总结，但这些知识显然不足以应对高速发展的社会。

未来我们大概率要和人工智能相处，人工智能将成为我们有力的工具，到那时我们的价值是什么呢？寻找存在的价值和意义是人类永恒的主题。我们不甘于成为一个原子式、工具式的存在，我们需要找到自身存在的价值和意义。

每个人都是独特的，有独特的天赋和秉性，独特的性格特征。找到自身的爱好，并追随自己的热爱，是获得有意义人生的重要途径，未来或许很多事情都可以交由人工智能完成，但热爱需要自己实现。在追求热爱的过程中，我们才能感受到自己真实的存在，而不是沦为大系统的原子式个体。

我平时会收到一些中学生、大学生或者毕业生的留言，很多人非常迷茫，不知道自己想要的是什么，也不知道自己真正喜欢什么。如果你没有真正喜欢和热爱的事情，就很难有美好的体验。正如你不喜欢阅读，那么读书对你来说就是一种痛苦和煎熬；你不热爱设计，画图对你来说就是一种惩罚。

唯有找到自身的热爱，才能拥有更真实而美好的体验。生命是体验的总和，而不是经验的集合。人工智能的各方面能力可能远优于人类，但我们真实的人生体验是无法被夺去的，想要有真实而美好的生命体验，需要有热爱。

一场争夺主体性的斗争

"语言暴力"在生活中十分常见，语言之所以能形成"暴力"，不仅是因为语言本身带有道德谴责、价值贬低和人身攻击的意味，还在于语言会在对话双方之间形成一个场域，在这个场域中，对话双方通过表达话语来争夺主体性。我们通过对他人的否定、质疑、抨击来确立自我的主体性，并且将他人置于自我主体性之内。对方实际上就变成了我们话语的对象和客体，而我变成了场域的主体。所以，我们通过话语对他人形成一种占有、支配、压迫、掌控的权力感，并让对方感受到这种被压迫和掌控的感觉，这是话语中构建的权力结构。

简言之，话语表达会在对话双方之间形成一个场域、一种主客关系和一种权力结构，在这种权力结构中，处于弱势、被动的角色会感受到挫败和压迫。

权力很多时候由身份、地位、财富、能力所带来，比如上级与下级、偶像与粉丝、父母与子女、老师与学生之间都有一种权力结构。但这是权力的显性表现，权力还可以在话语中构建起来，在对他人主体性的否定中构建起来。比如语言暴力，即有些人通过谩骂、嘲讽、质疑和批评等方式否定他人的价值和道德，从而确立自我在对话中的优势性、主导性地位，获得掌控感和权力感。

所以，当我们受到语言攻击时，明知不是事实，但情绪还是会受到影响。这是因为我们受到了语言所产生的权力压迫，这种压迫不在于语言本身，而在于对方通过话语否定了我们的主体性。

我们总是在人际交往中不断确认和调整彼此的权力地位，或者说我们总是有意无意地争夺主体性地位。关于人与人之间的主体性争夺，存在主义哲学家萨特有一句名言：**"他人即地狱。"**这句话出自萨特的剧本《禁闭》，内容说的是三个被囚禁起来的鬼魂等着下地狱，但在等待的过程中，三个鬼魂之间不断欺骗、互相折磨。最后他们忽然领悟到，不用等待下地狱了，因为他们已经身在地狱之中。地狱并不是什么刀山火海，永远和他人在一起，这本身就是地狱。

首先，萨特认为人的存在先于人的本质，人的本质是自由选择的结果。人生来没有善恶之分，也没有所谓的本质。人的本质是后天形成的，是通过自由选择和自由行动塑造的。我们能够自由掌控自己的生命，这在哲学上称为"主体性"。

其次，萨特认为每个人都会为了自我的主体性与他人展开斗争，和他人相处时都想把他人变成客体。在日常的社交关系中，我们都希望自己是掌控者，掌控感会给我们安全感。在萨特的哲学中，自我和他者是对立的关系，这种关系是主体和客体的关系。自我和他者都是存在，双方都有意识，而双方通过"凝视"把别人当成意识的对象，甚至把别人虚化为一个存在物。萨特对"凝视"这个词非常看重，甚至觉得很可怕，他鲜明地表达了"**他者是冲突的根源**"的思想。在他者的凝视下，我的存在和世界的存在发生了冲突和矛盾。

萨特引用了著名的美杜莎的故事，美杜莎原来是一位美少女，她与海神波塞冬有染，在雅典娜的神殿生下两个孩子。这件事触怒了雅典娜，她让美杜莎的头发变成毒蛇，只要有人看到美杜莎的脸，就会吓得变成石头。当我们被别人注视的时候，我们的主体沦为客体，就好像一块石头、一张桌子、一张椅子一样。反过来，当我们凝视别人时，也会把别人当成客体，自己成为主导者。

当我们走在大街上，如果迎面走过来的人都在凝视自己，你就会觉得非常不自在，甚至感到恐惧，这是因为别人的凝视让我们成为客体。在萨特看来，人与人的交往过程中充满了争夺主体性的斗争。

如果凝视只是隐性的主体性争夺，那么语言攻击就是显性的主体性争夺。通过语言表达，我们让对方成为话语对象，成为我们的客体甚至我们主体的一部分。因此被凝视者会有一种被压迫和被掌控的感受，这种感受会让其产生本能的反抗和抵制情绪。

意识到话语中蕴含了权力后，我们在日常沟通表达中就需要尽量避免因不恰当的表达带来情绪对抗。当今，社会各个领域由于语言沟通所产生的分歧和情绪对抗越来越频繁，给我们的人际关系带来了巨大挑战。哈贝马斯的"交往行为理论"中指出交往的目的是增进理解，增进理解的目的是达成共识，而这种共识必须以主体间的相互关联为结果，不是单方面意志的体现。

哈贝马斯提出了有效沟通的四个原则。

第一是言语的可理解性，以别人可以理解的方式表达一些东西，以便双方能相互理解。

第二是内容的真实性，告知的内容必须是真实的命题。

第三是主体的真诚性，言说者必须真诚地表达自己的想法，以便听者能相信他的言辞。

第四是表达方式的正确性或者正当性，言说者必须选择一种恰当的表达方式，符合对方遵守的规范系统，这样才能获得认同和接受。

简单来说，这四条原则包括可理解性、真实性、真诚性和正确性，关注的焦点分别是语言的可理解性、内容的真实性、主体的真诚性和主体间的正当性，关注点分别是语言、内容、主体性和主体间性。

满足可理解性、真实性、真诚性、正当性四点，才能称为有效的交往行为。可以用这四个要求检验交往与对话是否合理有效，比如，当你用一些只有自己才能理解的专业名词跟别人沟通时，表达就失去了言语的可理解性；当你用虚假宣传来欺骗消费者，表达就失去了真实性；当你命令下属倒一杯水时，表达就失去了主体的真诚性。总之，这四条沟通的基本原则建立在有效和合理交往的前提之下。

就像哈贝马斯说的："交往需要一个理想的言谈环境，在这个环境里，对话无障碍地展开，没有强制、压迫、威胁与欺骗，没有目的理性和策略行为的干扰。"

通过语言拥有世界

假设你手里有一支猎枪,你每到一个地方就会环顾四周,看到猎物你就会举起猎枪射击。路人经常看到你到处寻找猎物,于是他们称你为猎手。

投资家查理·芒格说:"**一个手里拿着锤子的人,他的眼里满世界都是钉子。**"你手里拥有什么决定了你所看到的世界。人拥有猎枪最终变成猎手的过程,就像人拥有语言最终变成人一样。哲学家伽达默尔说:"**能被理解的存在就是语言。**"人是一种语言的存在,我们通过语言将人和其他动物区分开,我们也同时被语言塑造为现在的人。就像在没有拥有猎枪之前,别人不知道你是谁,而拥有了猎枪,你就成为猎人。语言是我们表达思想和交流情感的工具,可它反过来也塑造了我们——人是一种会说话的动物。

在伽达默尔看来,没有语言的交流和对话是无法想象的,我们所有的理解都建立在语言基础上。作为诠释学哲学家,伽达默尔研究的主题是语言和世界、人和语言的关系。语言是伽达默尔哲学的核心,语言是理解的普遍媒介,但语言并不仅仅是一种工具或符号,它还具有本体论的地位和意义,是存在和真理得以显现的场所。

在《真理与方法》中,伽达默尔通过对话的场景阐释了语言的意义。他说,一场对话并不是按照对话任何一方的意愿进行的,越是真正的对话,越不可能是我们臆想的那样,与其说是我们创造了一个对话场景，不如说我们被卷入了一场对话。对话中，双方通过一个词语引出另外一个词语，并得出结论。看似是参与者引导了对话，实际上也是对话引导了参与者，谁都不可能预先知道对话会产生什么结果。

如果把谈话本身当成一个有意识的主体，谈话有自己的精神，在谈话中所运用的语言也具有自己的真理。伽达默尔说，语言才能让某种东西显露和涌现出来，而这种东西自此才算存在。所以与其说人创造了对话，不如说对话创造了人，对话让人的存在得以显现，也让真理得以显现，对话让人理解自身。

在传统的语言符号论和工具论看来，人是语言的主宰，人把语言视为纯粹的符号，可以任意规定语言的意义和使用。但在伽达默尔看来，语言并不是空洞的由人操纵的符号，也不是由人创造出来给予他人的符号。词语以谜一样的方式和被描摹的对象连接，它附属于被描摹的对象。语言和被描摹的对象是同时存在的，而非先后。

伽达默尔批判了自然科学对语言和经验的理解，经验、思维和理解是语言化的，经验本身就要求语言的表达，而语言本身是我们的世界经验。我们不是先有经验，然后用语言总结它，而是在产生经验的同时，就需要使用语言，没有语言经验便无法形成。经验和语言是统一体，语言不是经验产生的工具。

在感知到经验的同时，我们会不自觉地用语言描摹体验和感受，并使用语言产生自己的理解。所以，语言和经验并不割裂，一方面，我们的经验体现在语言中，另一方面，语言也塑造了我们的经验。在很大程度上，语言让我们的经验得以实现。

心情糟糕时，语言匮乏的人只有"好"或者"不好"的心情，而语言丰富的人可以更准确地描述自己的经验，比如纠结、彷徨、困惑、痛苦、迷茫等。语言像场域一样塑造了我们的经验，所以伽达默尔说，**语言本身就是我们的世界经验。人通过语言拥有世界，而"拥有"的意思是世界对我们来说是通过语言表达的。**

但伽达默尔并不是语言唯心主义者，他并不是说在语言之外别无他物，也不是说一切都可以被还原为语言，他也并没有否认非语言经验的意义。伽达默尔反对的是语言的工具论和符号论，语言不是我们表达思想的工具，语言和思想或者观念并非一种固定的、被创造的、被赋予的对应关系，语言和我们的经验是一体的。正如理解不仅是人的一种主观意识活动，我们无时无刻不在理解。语言作为理解的普遍媒介，不能归结为个人的主观意识。伽达默尔说，语言真正的存在在于其说的事情。

在我们看来，语言是人类创造的一种外在于人和事物的符号或工具。但是在伽达默尔看来，语言和事物本身、人本身一样，都具有本体论意义。语言就是事物本身、存在本身。所以，伽达默尔说："能被理解的存在就是语言。"这并不是说理解者是存在的绝对主宰，而是说一切的理解都发生在语言中，只有进入了语言的世界，理解者才能与被理解的东西产生关联。理解让存在和真理得以显现，而语言让理解成为可能。

在康德看来，纯粹客观的世界也就是"物自体"的世界是不可知的，而在伽达默尔看来，一切的事物都在语言的场域中被呈现。因此在伽达默尔的哲学中，语言拥有了本体论的地位。正如他说，之所以只有人有世界，是因为人有语言。我们生活的世界也可以叫语言的世界，这个世界是人类活动和事物呈现的境域，是存在真理显现的境域。

小结

这一章的主题是语言。语言是我们认识世界的工具和符号，是我们思维的表象，但语言也塑造了我们的思维。我们通过语言与世界、语言与人、语言与自我三个层面剖析了语言与我们的关系。

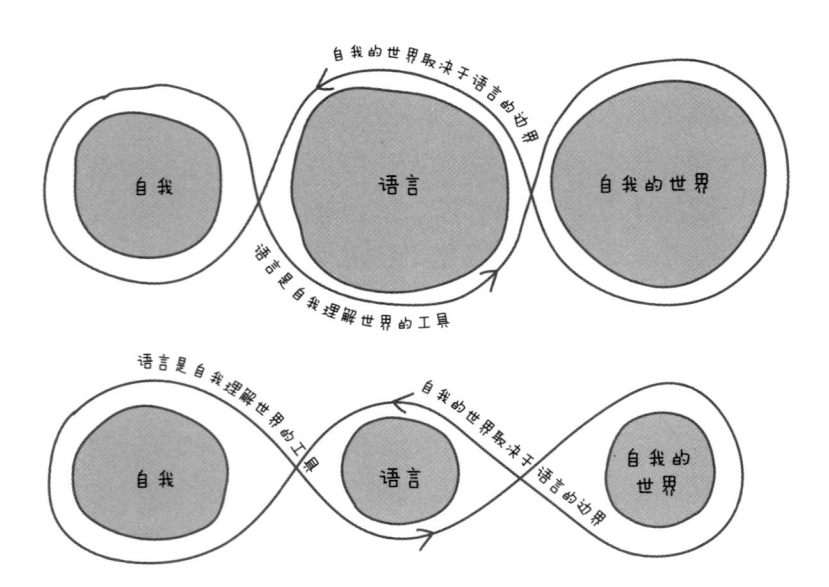

哲思启示录

* 语言并不能准确客观地反映世界，这是由语言本身的构成方式决定的。因为语言的基本要素是概念，概念包括抽象概念和隐喻概念，抽象概念是对现象或者表象的抽象，而隐喻概念分别由本体隐喻、方位隐喻和结构隐喻所构成。不管是抽象概念还是隐喻概念，都具有模糊性与片面性，或者说概念都带有"偏见"。

* 在日常语言中，语言的滥用随处可见，"语言暴力"就是其中一种。不仅在现实生活中，互联网上的语言暴力更加明显，在网络上可以随意用语言扭曲事实、激发情绪、散播错误观点。语言暴力无形中给他人造成了巨大的伤害，而施暴者却很少承担相应的责任，这种情况也助长了语言暴力的泛滥。语言中蕴含着欲望，尤其是对权力的欲望，而人对欲望的追逐是无止境的。所以在日常生活中，我们要谨慎对待语言和使用语言，不要将语言变成人与人之间的地狱。

07

经验：为什么要听你的？

从道不从君,从义不从父。

——孔子

如果体验对我们来说是独特的,那么经验就是普遍的。我们通过语言和符号记录感知,通过因果思维总结归纳出经验知识。经验是我们认识和理解世界的快捷方式,但经验常常充满了错误和偏见。本章我们将用哲学的"放大镜"审视经验的内部结构。

为什么要听你的？

有一天睿之回家告诉我，他和班上几个小朋友成立了一家出版社叫"大笑出版社"。这让我有点诧异，成立出版社这么容易吗？然后，他开始自豪地介绍他们的出版社，有主编和副主编，每人都有不同的分工，每个系列作品有不同的负责人。他们最近"出版"的几个系列有具体的人物设计和故事情节规划，俨然就是一家小规模"出版社"的样子。他还给我看了最近的作品，我翻了几本发现挺有意思，图文并茂，有点像我们小时候的小人书。

可能是由于我每天在写东西，看了他们的几本故事后发现了几个可以改进的地方，于是想让他们纠正一下。没想到他反问我："为什么一定要听你的？这是我们的出版社。"我才意识到我可能"越界"了。

经常有粉丝跟我留言，说从小到大生活在父母的权威之下，什么都是父母替他们做决定，很少有自己做主的机会。久而久之，他们好像失去了自我，对生活失去了兴趣，也停止了思考。哲学家哈贝马斯说:"盲目信奉权威,就意味着停止思考。"父母是孩子的权威,但随着孩子年龄的增长,他们会逐渐发展出成熟的自我意识,这时信奉权威会让他们免于思考,失去主动承担责任的机会,缺乏掌控生活的能力。

想起之前有人说过一句话:"正是因为下一代不听我们的话,所以社会才能进步。"这或许是有道理的,我们总是按照自身的经验和认知指导孩子的生活,并认为这是为他们好,但这也在无形中夺走了他们对生活的掌控感,压制了他们的批判和反思能力。

我们教育中缺少批判和怀疑的精神,我们常常把听话的孩子称为"好孩子",把懂事守规矩的学生称为"好学生",把经常反驳和质疑老师的孩子称为"刺头"。但科学的进步、社会的进步常常从反驳和质疑开始,保护孩子的好奇心和提出疑问的权利非常重要。

《荀子》中讲了一个孔子与子贡的故事。在很多人眼里,儒家思想有一种迂腐的愚孝,实际上古典儒家思想是坚决反对愚孝和愚忠的。

有一天,鲁哀公问孔子,儿子顺从父亲的命令,就是孝顺吗?臣子顺从君主的命令,就是忠诚吗?连续问了三次,孔子都不答复。孔子拿同样的问题问子贡,子贡回答说:"儿子顺从父亲的命令,就是孝顺,臣子顺从君主的命令就是忠贞,先生是如何回答的呢?"

孔子说:"你还不明白,以前拥有万辆兵车的大国,有了四位诤谏的大臣,疆域就不会被割让。"这里的"诤谏"就是指敢于违抗命令,敢于说真话的人。

孔子继续说:"即便只有千辆兵车的小国,有三位诤谏大臣,政权就不会有危险;拥有百辆兵车的大夫之家,有两位诤谏之臣,宗庙就不会毁灭;父亲有一个诤谏的儿子,就不会做不合礼制的事情;士人有了诤谏的朋友,就不会做不合道义的事情。所以,儿子一味顺从父亲,怎么能说是孝顺呢?臣子一味顺从君主,怎么能说是忠贞呢?"

孔子说:"在家孝敬父母,出外敬爱兄长,此是人的小德。对上顺从,对下厚道,此是人的中德。服从正道而不服从君主,服从道义而不服从父亲,这是人的大德。"所以,儒家不讲愚忠和愚孝,相反,儒家把敢于在关键问题上直言相告,甚至拼死维护道义和正义的行为,看成是一种至高的品德。这就是孔子所说的"从道不从君,从义不从父"。

尊敬和盲从完全不同,我们可以尊敬师长,但不能盲从他们的意见。亚里士多德说:"吾爱吾师,吾更爱真理。"柏拉图是亚里士多德的老师,但是亚里士多德的很多思想都和柏拉图针锋相对。我们尊敬和爱戴师长,但我们的判断应该以真理、正义为准则,而不是顺从经验和权威。

经验不等于真理,权威也不代表正义。相反,恰恰是通过批判经验和质疑权威,才能让我们更好地培养独立思考的能力和独立的人格。

罗素的火鸡

哲学史上有一个经典的寓言故事——罗素的火鸡，这是哲学家罗素批判经验主义的例子。西方人在感恩节这天有吃火鸡的传统，对于火鸡来说，感恩节前很长一段时间，每天都能得到主人的精心喂养。一只非常聪明的火鸡通过对过去很长一段时间经验的归纳，得出了一个结论：这半年以来，不管刮风下雨，一旦主人出现，就会有美食相伴。它认为这是一条必然的规律，从来不会出错。然而在感恩节的前一天，这条规律突然失效了，火鸡被拧断了脖子，成为主人餐桌上的美食，这是火鸡从过去的所有经验中永远无法归纳出的结论。

当今社会发展日新月异，经验主义常常导致巨大的错误。经验主义的基本假设是未来会像过去一样发展，而现实是那些推动社会进步的伟大创新，以及改变历史发展的事件往往不是过去经验的延续，而是对过去经验的颠覆。

诺基亚CEO奥利拉在记者招待会上公布同意被微软收购时，说了一句话："我们并没有做错什么，但不知为什么，我们输了。"说完这句话，连同他在内的几十名诺基亚高管不禁落泪。按照过去的经验来说，他们并没有做错，甚至把经验发挥到了极致，但他们输了，因为他们陷入了经验主义的误区。

经验主义基于归纳推理，即从过去的经验中归纳出有用的规律，但归纳思维有两个关键的问题：

第一，归纳是对过去的总结，不足以应对未来的不确定性。

同时，对经验的过度依赖可能会导致致命的错误，就像火鸡从过去的经验中，永远都无法得出未来有一天会被杀害的结论。

很多人都看过尼古拉斯·塔勒布的畅销书《黑天鹅》，我们过去见过的所有天鹅都是白色的，所以我们就以为天鹅都是白色的，直到人类在澳大利亚发现有一种天鹅是黑色的，过去的认知就被颠覆了。这样的认知颠覆只是刷新了认知而已，并不会有太大影响。但如果我们总认为过去的经验是可靠的，久而久之，就会陷入经验主义，很难感知到变化，尤其在巨大风险临近时，结果可能是致命的。

基于过去经验的归纳获得的结论不具有确定性，却时常给我们确定性的幻觉。因为每个人都有"确认偏误"，我们会倾向寻找支持自己观点的证据，对此类信息更加关注，或者把已有的信息往支持自己观点的方向解释。当经验一次次被验证，我们心里就会不断强化结论的正确性，会误以为这就是真理，很难进行批判性思考。一旦这种幻觉被打破，将带来很严重的后果。

在《创新者的窘境》这本书里，作者讲了大量的商业案例，如一个企业的经验是如何成为自己基业长青的绊脚石。经验越丰富，所得到的收益率就越高，就越难放弃现有的收益去突破自己的经验，最终便会出现一个企业的黑天鹅时刻。一个人，一个企业，一个城市，一个国家，如果过度依赖经验，结果常常是致命性的，无异于温水煮青蛙。

过去几年股市持续上涨，我们习惯性地认为股市会一直上涨，直到突然崩盘的那一天，这是"**市场的经验陷阱**"。企业按照过去的经验发展，在自己的领域不断精进，直到有一天发现，竞争对手并不来自自己擅长的领域，这是"**企业的经验陷阱**"；职场里，一个人不断精进擅长的技能，直到有一天发现，自己的技能已经没有市场了，这是"**能力的经验陷阱**"。每个人和每个企业都会在自己擅长的领域不断精进，因为这样的投入产出比最高，也最容易获得满足感。可这样会导致我们对经验的依赖逐渐加深，直到有一天无法应对外部环境的变化。当变化突然到来的时候，我们才恍然大悟。

第二，基于归纳法得出结论具有局限性。任何一个基于经验的归纳结论都具有适用范围，都是基于有限的、局部的经验归纳。由此获得的结论具有局限性，而且某一领域的结论不适用其他领域，但我们大多数情况下会把这个结论应用到其他领域。

比如妈妈说，隔壁小明每天坚持阅读一小时，他的学习成绩很好。所以妈妈要求你也要每天阅读一小时。小明学习成绩好的原因不仅仅是坚持阅读，还有其他原因，所以你坚持阅读，成绩也不一定会好。每个人的天赋和能力不一样，完全照搬别人的部分学习经验就想获得同样的效果，无异于刻舟求剑。很多人模仿名人或者成功人士，想要获得同样的成功，也是一样的思维。

大部分鸡汤和成功学也是这个套路：忽视前提，转移结论。比尔·盖茨、乔布斯、扎克伯格弃学创业，不是他们成功的唯一原因，甚至都不是最重要的。而且过去创业成功的经验也无法用到未来的创业环境中，因为前提条件变了，过去的经验也就失效了。总之，用别人成功的部分经验指导自己的决策，对经验进行简单模仿，都是极度危险的。

经验大多数是基于归纳推理得出，而归纳的结论是有前提的，我们往往只看到结论，忽视了前提的重要性。但前提条件复杂而模糊，人们往往不愿意探究。小明学习成绩好的前提可能有一百个，而你只看到了少数几个；比尔·盖茨创业成功的前提有无数个，而你只看到了其中几个，这样的例子在生活和工作中比比皆是。

因果关系并不客观存在

经验主义和归纳推理的背后是因果思维，我们认为现象和现象之间、原因和结果之间具有因果关系，但因果关系真的存在吗？接下来，我们用哲学的"放大镜"考察因果关系的本质。

因果关系并非仅仅是一个逻辑学概念，也内化成了我们的一种本能。当我们用力推门，门打开了，是一种因果关系；用手推动杯子，杯子移动了，其中也有因果关系。当我们用力向前推动杯子，而杯子纹丝不动，甚至向后移动，你会觉得不可理解，因为它违背了默认的因果关系。因果关系实际上已经潜藏在我们思维的底层，成为我们理解世界的基本假设。

推动杯子，杯子就会移动，这是一种自然的因果关系，但我们很少思考这其实是一种因果关系。实际上，我们的自然科学知识就是在因果关系基础上建立起来的。

绝大部分自然科学知识都是基于已知现象或者经验的归纳和总结，都用到了归纳法。虽然这种方法能扩展我们对大自然的认知，但是得出的知识并不具有必然性和普遍性。牛顿力学、爱因斯坦相对论和量子力学都只适用于一定尺度的物体运动变化规律，目前还没有找到一种能解释所有尺度、所有物质运动变化的规律或者知识。难怪波普尔说，我们永远也无法获得绝对的真理，只能无限接近真理。

从经验到知识，需要依赖因果推理，而个体经验之间是否真的具有因果关系还值得怀疑。哲学家休谟对因果关系提出了最根本的质疑，同时对基于因果关系构建的经验知识提出了根本性的挑战。

休谟举过一个例子，我们总能通过观察发现，石头受到太阳照射会发热，于是我们总结出太阳照射和石头发热之间存在因果关系。太阳照射是原因，石头发热是结果，"太阳晒热了石头"看似是一个显而易见的结论，但这个结论中只包括了两个独立的事实：太阳照射和石头发热。

它们之间真的存在必然的因果关系吗？

从直观层面来说，我们只能观察到太阳照射和石头发热这两个独立的经验性事实，没办法直接观察到它们之间的因果关系。这两个经验事实之间的因果关系只是理性归纳的结果，并且运用因果推理得出了结论——太阳晒热了石头。

但休谟认为，我们的思维在这里存在一个跃迁的过程，也就是思维的跳跃。太阳照射和石头发热之间的因果必然性如何建立起来，是值得怀疑的。当我们用高倍显微镜观察，并且运用物理学知识，这时我们发现太阳照射是热辐射的传导，辐射热传导到石头上，加剧了石头内部的分子运动，从而导致石头变热。这样看来两者之间好像有某种必然性，比"太阳晒热了石头"显得更具有科学性。

我们还可以追问，为什么辐射热的传导必然会加剧石头内部的分子运动？辐射热传导和石头内部分子运动加剧也是两个独立的经验性事实，它们之间的必然性是怎么发生的？显然，它们之间的因果必然性依然值得怀疑。看起来更科学的解释，只是在更精细的地方实现了思维的跳跃。

个别经验到普遍性知识之间有一条不可逾越的鸿沟。

休谟说，经验总是个别的、相对的、偶然的，独立经验之间并不具有因果必然性，因果性只存在我们的理性中，并不存在于客观世界。个别的经验即便重复上万次，也不能说它们之间具有因果关系，自然事实和因果关系之间有一条不可逾越的鸿沟，而我们通过思维把它们连接起来，休谟称之为"习惯性联想"，习惯是人类伟大的导师。这种联想来自直观感受到的经验事实在时间上的相继和空间上的相邻。太阳照射和石头发热是同时发生的，这两种现象相邻，所以我们认为它们之间存在因果必然性。

但经验和知识之间的必然性并不蕴含在经验中，太阳照射的经验中并不蕴含着石头发热的必然性。就像我们观察了所有的天鹅都是白色的，依然不能得出"天鹅就是白色的"这一结论。每次观察到的白天鹅，都是独立的经验事实。我们只是在无数独立的经验事实上，通过思维的跃迁，通过因果关系把它们归纳连接起来，形成一个看似理性的结论：天鹅是白色的。

但这样的知识并不具有普遍性和必然性，它们的因果关系是我们主观赋予的，而不是客观存在的。即便我们观察到太阳每次都能晒热石头,我们也不能得出太阳照射必然导致石头变热的普遍性和必然性结论。即便我们观察到太阳每天都从东方升起,也永远不知道明天的太阳会不会依然从东方升起。我们只是习惯性联想,把过去独立的、个别的经验赋予因果关系。经验之间的因果关系不是客观存在的,这就是休谟对于因果关系的怀疑。

哲学家卡尔·波普尔说:"**休谟的怀疑论,给全部人类知识都带来了根本性的挑战。**"

三种因果关系

休谟对因果关系的质疑给人类知识带来了根本性的挑战,但因果关系是我们认识和理解世界的基础。在康德看来,因果思维是根植于人类认识能力中的"先验范畴",是我们产生经验性知识的前提。如果我们不能在不同现象之间建立因果关系,那么,我们看到的只可能是一个个独立的、静止的现象。

从狭义上讲,因果关系就是一个事件导致了另外一个事件,这是客观自然物理世界的因果关系。比如我推动杯子,杯子移动了,我的推动是原因,而杯子的移动是结果;太阳照射,引起植物生长;风吹日晒,导致岩石风化,这些都是自然界发生的因果关系。在自然界,因果关系的本质是变化,没有变化就不可能有因果关系。

自然界的变化是一条无穷无尽的因果链条，哲学家叔本华举过一个例子，他说："阳光照在凸透镜上点燃了一个物体，这个变化是依赖前一个变化发生的。或许是因为云雾移动时没有把阳光遮住，而云雾的移动依赖风，风依赖空气密度的不平衡，后者又依赖其他条件，以至无限。因果关系只与变化有关，也就是与时间中各状态的产生和消失有关。在这种关系中，先出现的状态称为原因，后出现的称为结果，原因和结果之间存在必然性，自然世界遵循必然性的因果关系。"

从广义上讲，因果关系是描述原因和结果之间的一种关系，它还存在另外两种情况。例如两辆汽车相撞，我们无法得知是什么原因导致了事故发生。因为在这一事件中，有了"人"的参与，人的行为并不遵循"必然的因果律"，而是遵循"动机律"。老人摔倒了，路人不一定走过去搀扶，即便有人搀扶，动机也可能不一样。人的行为由动机主导，而不是自然因果规律。叔本华认为，人的动机从根本上说是由意识决定，而意识是盲目和随机的。所以，人的行为并不遵循自然的因果律。

另外，还有一种因果关系建立在认识论上，比如"三角形的内角之和是180度""2+2=4"。根据演绎逻辑，人固有一死，苏格拉底是人，所以苏格拉底也会死。这些结论必然正确的原因是有逻辑保障，不管是数理逻辑、形式逻辑还是辩证逻辑。这种因果关系的必然性由逻辑决定，而不是因为自然的因果律或人的动机律。

总的来讲，因果关系是描述原因和结果之间的一种关系，它存在于三个领域：

第一，客观物理世界的因果关系；

第二，人的动机和行为之间的因果关系；

第三，知识领域概念和概念之间的因果关系。

科学研究主要针对前两个领域，通过对客观世界的规律研究获得具有普遍性和必然性的科学规律，或者说科学知识。大众认为科学知识蕴含必然性的真理，因为它来自客观世界的因果关系。但大卫·休谟对客观世界的因果关系提出彻底的怀疑，他认为自然界的因果关系只是一种习惯性联想，并不是客观规律，而是心理上的事实。休谟说，像因果性这样被称为"规律的联系"没有必然性，只有或然性或者偶然性。

如果自然界的因果关系都不存在，那科学知识的基础就会被动摇。科学家、哲学家卡尔纳普虽然继承了休谟的思想，但是他区分了逻辑的必然性和自然规律的必然性。我们通常认为因果关系中蕴含了必然性，是因为我们对"必然性"有误解，混淆了逻辑的必然性和自然规律的必然性。卡尔纳普说，我们之所以认为自然世界的因果关系是一种必然关系，是因为它包含了自然规律，而自然规律一般是必然性的陈述。就像阳光照射和植物生长之间看似存在必然的因果关系，但实则不然。

卡尔纳普说，逻辑学家坐在书桌前思考可能会发现逻辑规律，但不可能发现任何自然规律。只有通过观察世界，并描述它的规则性才有可能发现自然规律。自然规律的规则性断言是一种尝试性的断言，总会被将来的观察发现证伪。然而，逻辑规律在一切可想象的条件下都成立，如果自然规律包含必然性，它肯定不是逻辑必然性。我们不能用逻辑的必然性去要求自然世界有类似的必然性。三角形的内角之和是 180 度，在任何时间地点都成立。但向上抛的石头会落回地面，只在有地球引力的情况下才成立。"事出有因"在逻辑上有必然性，但不能以此为依据证明阳光照射就会导致植物生长。

卡尔纳普认为，因果关系建立在某些自然规律基础上。石头砸向窗户，然后窗户的玻璃发生破裂，我们就会认为石头撞击是玻璃破裂的原因，它们之间存在因果关系。这是因为过去千百次的经验观察给了我们这样一个规律，坚硬的物体撞击脆弱的物体，后者会破碎，而"石头砸碎玻璃"只是这个规律的一个例子。所以，我们理解的因果关系是基于某些自然规律，而自然规律是基于观察而不是逻辑分析获得的，并不具有逻辑上的必然性，但是具有自然规律的必然性。

小结

这一章的主题是经验。经验是人类文明的重要基础和内容，我们从实践中归纳总结出经验性知识，并对经验进行反思和批判后获得新知识。这一章重点探讨了因果关系的本质，休谟对因果关系提出了怀疑和挑战，认为因果关系只是人类习惯性的联想，因果关系并不存在必然性，习惯才是人类伟大的导师。但是卡尔纳普认为，休谟误解了因果必然性，必然性只存在于知识领域，而广义的因果关系存在于三个领域：自然世界领域、人的领域和知识的领域。

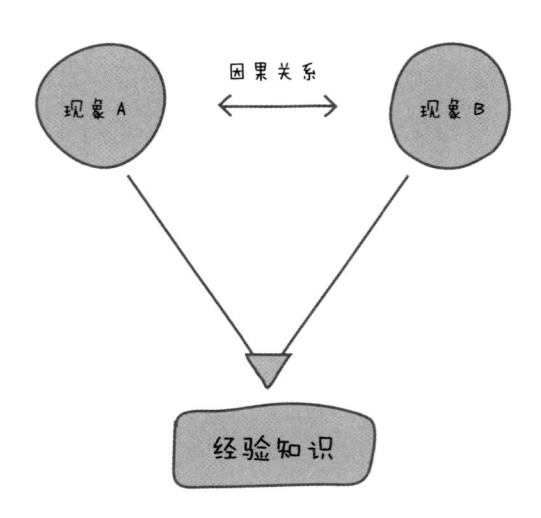

哲思启示录

* 我们要警惕经验主义的陷阱,不要盲目信奉权威或将经验奉为绝对真理,需要对知识、权威保持怀疑和批判。在现实生活中,我们常常会为了方便而接受习以为常的观点,并且将这些观点变成践行的信念,会让我们陷入经验主义的陷阱。

* 我们要谨慎对待因果思维,因果思维是人类理解和认识世界的基础,但因果思维在不同领域的运用不同。在人的行为领域,因果关系参考的原则是人的内在动机,动机是行为的原因;在自然领域,因果关系是描述自然规律的一种方式,是在现象与现象之间建立的规律性关系;在知识领域,因果关系是观念之间的逻辑关系。所以,在使用因果思维时,我们需要区分不同的因果关系。

… 08

思维：如果别人不喜欢我怎么办？

少则得，多则惑。

　　——老子

　　有关提升认识的书很多，但是做思维减法也同样重要。经验归纳、逻辑推理会让我们增长知识，但不一定给我们带来幸福的生活。老子说"少则得，多则惑"，或许不是我们知道的太少，而是我们想要的太多。本章我们将用哲学的"放大镜"审视思维的内部结构，了解如何做思维的减法，如何提升思考的质量。

有一个朋友叫"如果"

睿之小时候经常把"如果"挂着嘴边,在去幼儿园之前,他会问:"如果老师不喜欢我怎么办?""如果小朋友不跟我玩怎么办?""如果别人拿了我的玩具不还怎么办?"有时候他会因为自己的"如果"而沮丧难过。后来我们跟他开玩笑:"你小时候有一个叫'如果'的朋友,他经常跟你在一起,但也经常给你带来烦恼。"

我们成年人也一样,很多烦恼常常基于"如果"而产生,如"如果失业了怎么办?""如果项目失败了会怎样?""如果客户不喜欢产品方案怎么办?"我们会在大脑中基于"如果"构建一个鲜活的场景,然后展开一个生动的故事,并由此产生担忧、焦虑和恐惧等情绪。虽然所谓的"如果"大概率不会发生,但是当下的纠结、担忧、痛苦是真实发生的。

"如果"是一种对未来的假设。我们的确应该对未来有风险意识,甚至也要未雨绸缪,但我们不该为未来可能会发生、事实上还没发生的事情感到担忧和恐惧，这显然是一种多余的情绪。

有一个著名的故事叫杞人忧天，但可能很多人都没有听过完整版。

有一个杞国人担心会天崩地裂，所以整天茶饭不思，寝食难安。有人安慰他说，天只是聚集的气体，气无处不在，我们就生活在天里面，怎么会谈到天会塌下来呢？地也只是聚集起来的石土而已，我们每天都走在上面，怎么会担心地裂呢？杞国人听了之后解除了疑虑，觉得很开心。

一个名叫长庐子的道家学者知道了这件事，笑着说："无论是虹蜺还是云雾，风雨或是四季，都是由天所聚集的气体而已。无论山峰还是江河，金石或是火木，都是由地所形成的积聚的石土。既然知道了它们是气体和石土聚集而成，那怎么能说它们不会坏呢？天地不容易灭亡和竭尽，这是必然的。但如果就此断定它们不会坏，也是错误的。天地是有可能坏的，那假如遇到天崩地裂，怎么让人不忧愁呢？"

列子听后笑着说："说天地会坏是不对的，说天地不会坏也是不对的。我们并不知道天地坏或者不坏，既然这样，那么天地坏或不坏都是一样的，就像我们不知道生之前是什么样子，也不知道死之后是什么样子一样，我们不会为了生前和死后的自己担心，又何必要去担心天崩地裂呢？"显然列子的回答更高明。

在这个故事里，杞国人、长庐子和列子对未知风险的态度截然不同。杞人因为无知，所以对未知的风险产生了恐惧和担忧；长庐子有关于天地万物的知识，但他也为未知的风险感到担忧；只有列子做到了把未知的风险和自己的情绪分开。虽然我们意识到可能有未知的风险,但无法掌控风险,我们可以为风险做准备,但没必要为风险担忧,这就是列子的思想境界。

斯多葛学派哲学家爱比克泰德说:"**接受无法改变的,改变可以改变的。**"人的认知和能力非常有限,能掌控的东西并不多,很多事情在我们的认知、能力和掌控范围之外,我们没必要把专注点放到这些事情上。相反,我们应该把时间和精力专注于那些我们可以改变、有能力改变的事情上,这是一种更明智的选择。要想去掉大脑中多余的"假设、想象、如果",我们需要用到一个经典的哲学思维工具——奥卡姆剃刀。

让思维化繁为简

1796 年,拉普拉斯把刚刚写好的《宇宙体系论》给拿破仑看。拿破仑非常兴奋地拿来翻了一遍,然后很疑惑地问拉普拉斯:"为什么在这整部著作里面,一次都没有提到宇宙的创造者上帝呢?"拉普拉斯回答说:"陛下,我不需要这个假设。"

有人经常问我哲学和神学有什么根本区别。如果用奥卡姆剃刀解释就是神学基于一个根本的假设——上帝存在,而哲学去掉了这个假设。

我们的思维、观念、推理中常常存在很多假设条件,并以此为根据展开思考,但我们很少质疑和反思这些"假设"真的有必要吗。著名的哲学家思维工具奥卡姆剃刀专门用于剔除思维中多余的概念、观念、推理、信息、规则,让思维保持简洁高效。

关于金字塔的传闻有很多。金字塔到底是外星人建造的还是人类建造的?如果是前者,我们需要说明外星人是什么,外星人从哪里来,还要假设外星人来过地球等,会增加很多"假设"。而后者更简洁,省去了很多不必要的假设,我们只需要解释古人如何建造金字塔就可以。所以,按照奥卡姆剃刀原则,我们应该相信第二个说法。

奥卡姆剃刀由 14 世纪英国哲学家奥卡姆提出,这个思维工具用八个字概括就是:**如无必要,勿增实体。**

"如无必要,勿增实体"并不是奥卡姆的原话,只是在《箴言书注》和《逻辑大全》中,奥卡姆表达了类似的意思。他在书中提到"切勿浪费较多的东西去做用较少的东西同样可以做好的事情"以及"如果人们能够以较少的东西行事,就不应该假设有更多的东西"。后来有位西班牙哲学家总结他的思想为"奥卡姆剃刀",也就是那八个字——如无必要,勿增实体。这其实也算是奥卡姆剃刀的一次运用:能用 8 个字说清楚的一句话就不要用 26 个字。

这是一种极简主义思维,比如剔除不必要的步骤、多余的假设、冗余的信息、多余的推理,减少不必要的消耗,还原事物最直观的样子,保留解释现象最直接的理由,找到解决问题最短的路径。这些都符合奥卡姆剃刀原则,但不完全正确。

奥卡姆剃刀追求的是"简单",但其本质不是追求"简单",而是追求"直接"或者"直观"。如果追求简单,那么用上帝解释一切是最简单的。亚里士多德说："大自然选择最短的道路。"这里的"道路"是实体，具有实在性。如无必要，不要绕路；如无必要，勿增实体。这符合奥卡姆剃刀原则，奥卡姆的思想也继承和发展了亚里士多德的思想。

简单和直观有本质区别。例如男朋友约会迟到是因为下雨堵车了，还是因为不爱她了呢？虽然用"不爱了"这个简单的原因可以解释一切，但并不符合奥卡姆剃刀原则。因为"爱或者不爱"是无法直观的，而"下雨堵车"是可以直观的。所以按照奥卡姆剃刀原则，更正确的说法是男朋友因为下雨堵车所以迟到了。

奥卡姆剃刀真正追求的是基于实体的"直接"或者"直观"，而不是基于思维的"简单"。正如牛顿在巨著《自然哲学的数学原理》的最后说的："**寻求自然事物的原因，不得超出真实和足以解释其现象的东西。**"这是牛顿对奥卡姆剃刀的运用。奥卡姆剃刀在科学上得到了广泛的应用，从哥白尼到伽利略，从牛顿到爱因斯坦，科学家们认为宇宙的奥秘、自然的规律都可以用最简单的公式解释。从牛顿的万有引力到爱因斯坦的相对论，奥卡姆剃刀已经成为重要的科学思维工具。

在科学领域，奥卡姆剃刀原理还有一种更常见的表述形式：当你有两个或多个处于竞争地位的理论，那么简单或可证伪的那个理论更好。

不仅在科学领域，奥卡姆剃刀还广泛应用于自然科学、政治、经济、社会甚至企业管理和个人生活。在自然领域"如无必要，勿增消耗"，即大自然从不做无用功；在科学领域"如无必要，勿增假设"，正如爱因斯坦所说，凡事力求简单，但不能太简单；

在政治领域"如无必要,勿增规则",正如《道德经》中老子说的,"无为,而无不为,侯王若能守之,万物将自化";在经济领域"如无必要,勿增成本",在企业管理领域"如无必要,勿增管理",在社会生活领域"如无必要,勿增想象"……在今天这个信息爆炸的时代,要做出高质量的判断,抓住核心关键信息才是制胜之道。

在面对纷繁复杂的局面时,在面临似是而非的选择时,我们都可以祭出这把几百年前的神奇剃刀,把一切问题化繁为简,直击问题的本质,找到最佳的解决方法。

如无必要,勿增想象

周末送睿之去踢球,路上他一直担心下午的英语演讲,担心被老师批评、被同学嘲笑,越想越焦虑。现实生活中,我们经常会陷入对未来的担忧和恐惧中,正如"杞人忧天"中的杞国人一样。出现这种思维在于我们对未来增加了很多不必要的联想,对未来有风险意识和规划是好事,但是不应该由此引发对未来的恐惧和担忧,这样的担忧是多余的。

每当我们陷入这种思维怪圈的时候,我和睿之有一个约定,那就是去掉"如果",问自己一个问题:当下最应该做的事情是什么?这句话里包括三个关键词:当下、最应该、做事。当你问自己这个问题时，就会意识到对未来的担忧肯定不是最应该做的事情。它可以将我们从思维的想象中迅速拉回现实，并且让我们切换到行为模式。并不是说思考未来不重要，而是思考应该指向积极的行动，而不是无尽的想象。

有一个佛学小故事，就是在讲去掉思维中多余的想象，让思维保持专注于当下。

有人问禅师："您得道之前在做什么？"

禅师说："砍柴、吃饭、睡觉。"

又问："那得道之后呢？"

禅师说："砍柴、吃饭、睡觉。"

再问："那么之前和之后有什么区别呢？"

禅师说："得道前，砍柴时想着吃饭，吃饭时想着睡觉，睡觉时想着砍柴；得道后，砍柴就砍柴，吃饭就吃饭，睡觉就睡觉。"

在我们的人生中，如果没有必要，不要增加过多的联想，尤其是一些会引起不必要的困扰的想象，专注于当下，保持对当下的觉知，这是一种佛学智慧。

《列子·黄帝》中讲了一个经典的故事。古代范家有一个儿子叫子华，门下有很多门客。古代的门客就是智谋之士，在全国势力很大。子华深得晋国国君的宠信，在晋国的地位甚至超过了三卿，子华门下的门客都非富即贵，而且都显得很高贵很傲慢。

有一天，其中两位门客在一户农家借宿。一位叫商丘开的农民听这两位门客说，在子华门下可以让贫穷的人变得富裕，让死去的人活过来。于是商丘开就借了粮食，挑着行李来到子华的府上投靠他。一开始门客们看见商丘开年纪大，体力弱，脸色发黑，衣衫不整，非常瞧不起他，经常侮辱和打骂他。但是商丘开一点都不恼怒，任由这些人戏弄。

某天，这些人把商丘开拉到一个高台上，随口说了句，谁愿意从这个高台跳下去，就给他百金的赏赐。旁边的人假装附和，而商丘开信以为真，毫不犹豫就从高台跳下去了。但是商丘开像鸟儿一样，轻飘飘落在地上，毫发无损。不过大家都以为他是运气好。

第二次，这些人又拉着商丘开到一处深水，说水下面有珠宝，潜下去就可以找到。结果，商丘开毫不犹豫又跳下去，果然从水里面带回了珠宝。这时，大家都开始惊讶了，于是，子华下令把商丘开列为门客。

不久，范府里面仓库着了火。子华说，谁能从火中抢救出锦罗绸缎，就可以得到奖赏，大家都不敢冒险，而商丘开又毫不犹豫跳进了火海，还往返了数次，把锦缎搬出来，脸上没有沾染一丝烟尘，身体也没有烧伤。于是大家都非常惊讶，认为商丘开修炼了道术，开始向商丘开道歉并向他求教道术。

但商丘开说，他并不知道什么道术，也不知道发生这些事情的原因。他只是之前听府上的两位门客在他家借宿时说，子华这里可以让活的人死去，让死去的人活过来，让富裕的人变穷，让穷人变富有，他的确相信了，于是就千里迢迢来到这里。到这里之后，他以为这些人所说的话都是真的，唯恐自己相信得不够，行动不够及时，所以心意专一，没有顾及自己的身体，也没有考虑利害关系。可能这样外物反而不能伤害他，如此而已。

列子还讲了几个类似的故事，那些看起来异于常人的人，能屏蔽外在的一切干扰,心无旁骛,这样才能天性完整,心神合一。这时万物很难侵害他们,并且能把自己的潜能发挥到极致。就像商丘开一样,一开始对门客的话信以为真,毫无顾忌,做起事来反而心无旁骛。生活中也一样,顶级的运动员在决胜时刻保持身心合一、心无旁骛的状态,才能发挥极致的水平。但我们通常很难达到这样的境界,不是没有这种能力,只是我们很容易受到外物的干扰,无法保持天然本性,就像庄子所说:"凡外重者内拙。"我们太关注外在,太看重结果,太注重目标,反而让我们失去了本心,无法做到极致。

少则得,多则惑

道家思想推崇淳朴自然的生活方式,老子说,"少则得,多则惑""是以圣人去甚,去奢,去泰",这和当今很多人追求的极简主义、断舍离的生活方式类似。在物质生活极度丰富的今天,我们的选择不是太少,而是太多。琳琅满目的商品,眼花缭乱的选择,带给我们的往往不是快乐与幸福,而是纠结与迷茫。

我们通常认为,选择越多越幸福、越自由,但心理学家巴里·施瓦茨在《选择的悖论》中提到,我们的物质世界和精神世界越来越丰富,但幸福感却持续下降。过去30年,美国的GDP翻了一倍,但人们的"幸福指数"却下降了5%。面对越来越多的选择，人们在婚姻、工作、经济状况、居住环境上的满意度和幸福感正在持续下降。很多富裕家庭的年轻人都认为自己比父母更艰难，他们感觉越来越消极、焦虑甚至抑郁，由抑郁导致的自杀成为美国高中生和大学生群体的第二大死因。

《选择的悖论》告诉我们：幸福意味着拥有自由和选择，但它的悖论是，更多的自由和选择并不能带来更大的幸福。相反，选择越多，幸福越少。

首先，选择越多意味着我们很难做出明智的决策。很多人都有"选择恐惧症"，当我们走进商场、走进餐厅、在网上购物时，都会面临成百上千的选择。选择越多，区别不同选项所付出的努力也越大，人就会越累、越纠结。在100种不同牙刷之间做选择时，很难确定哪个是你真正想要的款。

其次，即使我们做出了明智的选择，但因为机会成本、后悔、适应和比较这四大心理因素，会导致我们很难获得满足感和幸福感。机会成本就是因为做出一个选择而丧失的可能获得的最大利益，例如晚上选择去看电影，就错过了吃一顿美食的机会；选择去一家公司上班，就错过了去另外一家公司发展的机会。

如果你面前有100个选择，你只能选择1个，那么就会损失99个机会。而我们生来厌恶损失，选择项越多，意味着失去得越多，满足感就会下降。就像小朋友面对琳琅满目的玩具，而家长只允许他选择其中一种，那他选择任何一件玩具的满足感都会因为机会成本而降低。

除了机会成本，后悔、适应、比较等因素也会导致满意感降低。当你很开心地拿到一个不错的工作机会，上班后或许没过几天又有一家更好的公司让你去上班。当面对越来越多的选择，就必然会有更好的选择出现在我们面前，因此后悔似乎不可避免。就像商家利用各种手段诱导我们冲动消费，导致"双11"的退货率有时高达25%。

在当今的信息时代，我们很容易将选择进行对比，这种比较的心态让我们产生挫败感、失落感，甚至焦虑和抑郁。随着物质生活越来越丰富，比较的标准和预期也不断提升，如果体验的质量没有跟上预期的上升速度，我们的满足感就会下降。调查显示，43%的美国年轻人认为自己比父母过得更艰难，其中一半是来自富裕家庭。调查发现，生活在富裕家庭的孩子对生活有更高的期望，因此他们幸福感普遍不高。

选择多并不意味着幸福多，也不意味着我们会更明智，就像老子所说："少则得，多则惑。"

在《庄子·达生》中有这样一个故事。有个叫梓庆的人，非常擅长做鐻，这种木制的乐器形状像野兽，可以用来挂钟鼓。见过梓庆做的鐻的人无不惊叹他的神工。鲁侯接见了梓庆并问他："你是靠什么秘诀做成的？"

梓庆回答说："我只是一个工人，哪有什么秘诀？虽然如此，还是有一点可以说。我在准备做钟架之前，向来不敢损耗气力。一定要靠斋戒来平静内心。斋戒三天，不敢存想奖励俸禄；斋戒五天，不敢妄想毁誉巧拙；斋戒七天，往往忘记了自己还有身体四肢。这个时候，我不再想到是为朝廷做事，只是专注于技巧，而让外来的顾虑消失，然后深入山林，视察树木的自然本性。遇到形态躯干适合的，就好像看到了现成的钟架，这才动手加工。

没有这样的机会，就什么都不做。这是以自然去配合自然，做出的器物被人以为是鬼神所为，大概就是这个缘故吧。"

梓庆动手之前经历了三个阶段：忘利、忘名、忘身。这是庄子笔下梓庆的"断舍离"，不仅忘掉了名利，还忘记了自身，这样才能回归至真至纯的自然状态，不被外界干扰和迷惑，这样反倒获得了纯粹而专注的力量。保持思维的简洁往往是最好的策略，就像奥卡姆剃刀告诉我们的：如无必要，勿增实体。

每个系统都有第一性原理

马斯克的每次创业几乎都带来了颠覆式的革命：在线支付公司PayPal，掀起了在线支付革命；电动汽车和太阳能公司特斯拉，颠覆了传统燃油汽车行业；太空探索技术公司SpaceX，改变了商业航天发射市场格局。前段时间还发布了"脑机接口设备"，实现了人机交互脑机相连这种在科幻电影里才能看到的场面。在全球的创业者中，可能无人出其右了。在一次公开访谈中，主持人让马斯克给创业者们提一条建议，马斯克就提出了第一性原理。

两千多年前哲学家亚里士多德提出了这个概念，马斯克把它成功地应用到了商业领域。亚里士多德说："在每一个系统里面，都存在着第一性原理。第一性原理是基本的命题和假设，它不能被省略和删除，也不能被违反。"这里有三个关键词，第一个是"基本的命题和假设",第二个是"不能被省略和删除",第三个是"不能被违反",这就是第一性原理的哲学概念。

马斯克举了一个例子,在研发电动汽车的时候,电池成本高是一个关键性问题,当时储能电池的价格是 600 美元 / 千瓦时,85 千瓦电池的价格超过了 5 万美元,当时大部分人认为电池的成本不可能降太多。接下来,马斯克把问题进一步拆解,电池到底是由什么材料组成的?马斯克拆分后发现,电池的组成包括碳、镍、铝的一些聚合物。最后他发现,如果从伦敦金属交易所购买这些原材料组合在一起,电池成本只需要 80 美元 / 千瓦时,比市面上的 600 美元 / 千瓦时足足少了一个数量级。

马斯克发现了问题的基本事实和本质,接下来就可以着手去解决。马斯克并没有去买现成的电池修改,而是分析它的组成部分,采用新的电池排列技术,经过很多次的实验,最终让电池成本大幅下降,这才成就了今天的特斯拉。

亚里士多德提出的"第一性原理"是一种演绎法思维,演绎法和归纳法是两种典型的形式逻辑。著名的演绎法例子就是三段论:大前提、小前提和结论。比如大前提是"人固有一死",小前提是"苏格拉底是人",结论就是"苏格拉底也会死"。人固有一死是一个基本的假设和命题,不能违背和忽视。第一性原理在亚里士多德这里是一种基于演绎法的思维模式,但还不是一种方法。

近代哲学之父笛卡尔在《方法论》这本书里提出了解决问题最本质的方法论,这才是第一性原理的方法论。在这本书里,笛卡尔提出了一个方法论的四条基本原则:自明律、分析律、综合律和枚举律。

第一是自明律，也就是找到不证自明的东西。笛卡尔说："绝不接受任何东西为真，只有当我确定它是如此时，才接受它。"也就是说，小心避免盲从和成见，只赞同清晰明白地呈现给我且我没有任何机会怀疑的东西。这其实就是亚里士多德说的那个"假设"，也就是马斯克说的"当时市场上对电池成本的普遍共识"，这些都应该怀疑。

所以，第一性原理首先怀疑一切经验知识、思维方式，它们大部分都是别人习以为常的经验性总结，很少人提出疑问和反驳。但是它们不一定正确，或者说不是最优解，比如传统的商业模式、汽车生产方式、营销手段等。马斯克对传统的经验都进行了推翻，比如特斯拉的一体压铸技术大大提升了生产效率，颠覆了传统车企的生产方式。

第二是分析律，也就是考察的每一个困难或问题，都按要求分成尽可能多的小块，以更好地解决它。这和马斯克对电池结构和组成的分解类似。排除一切假设后，找到最根本的问题，再把问题拆解成最小单位。这里的关键是"找到最小的确定性"，什么东西是最确定的，我们就从这个地方开始，比如汽车的关键是电车，电车的最小确定性是电池元器件，甚至是生产电池的原材料，这是最小的确定性。就像笛卡尔提出的"我思故我在"，找到思维的坚实基础，把最不可怀疑的东西作为我们的起点。

第三是综合律，也就是按照顺序引导我的思想，从最简单的和最容易认识的东西着手，逐步认识更复杂的，甚至假设在那些彼此间根本就没有先后顺序的东西中有一定的顺序。分解完问题之后，把问题排序，逐一解决。从易到难是解决一个问题最常见的方法。要找到关键问题，找到最小确定性后，才从易到难逐个攻克。

最后一个是枚举律，也就是尽可能详细、全面地考察所有东西，以确保无一遗漏，做好最后的复盘和检查。

这就是笛卡尔的方法论四原则。我们再回到"第一性原理"，其实就是这种方法论的实践，排除了主观的偏见，排除了经验性知识，排除了普遍的假设，找到问题的本质。然后把问题逐层分解，从易到难逐个解决。最后是全面检查。虽然马斯克的成功并不仅仅是因为对第一性原理的应用，但解决问题的四条方法论原则是普遍适用的。

最后，我们再回到亚里士多德的"演绎法"和"第一性原理"，这个思维方式其实有一个缺陷，而亚里士多德本人就掉在了这个缺陷里面。在演绎法和第一性原理里，所有的推理都是基于最开始的命题和假设，但它不一定对。亚里士多德的世界观曾经主导西方一千多年，但后来被发现是错误的，因为他基于一个错误的假设和前提，那就是"地球是不动的"。

亚里士多德的世界观基于一个错误的假设，让整个思想体系都产生了错误。我们每个人的世界观，甚至人生观和价值观都只是一套假设系统，但我们很少质疑基本的假设或者信念，更多时候只是默认接受，比如工作就是为了赚钱，工作是痛苦的；婚姻就是爱情的坟墓；付出就一定要有回报；甚至事物之间一定存在因果关系等。从某种程度上说，这些都只是一种"假设"。

你看到的只是部分事实

哲学家休谟提出事实判断和价值判断二分，我们不能从事实上的"是"得出价值上的"应该"，我们通常把这种思维称为"休谟的铡刀"，休谟切断了事实判断和价值判断之间的因果必然性。在日常生活中，如果我们能深入理解事实与价值的关系，就可以极大地提升思考质量。

事实是指事情的真实情况，事实判断是客观的、不以人的意志为转移的。价值指客体对主体的效用，价值判断是主观的、以人的意志为转移的。"外面正在下雨"是一个事实判断，出去看一下就知道了。"下雨是好事"是一个价值判断，下雨对农民是好事，但是对于出门忘带伞的人就是坏事。事实判断区分真假，而价值判断区分好坏。事实判断是关于"是什么"的判断，而价值判断是关于"应该怎么做"的判断。我们生活中大部分都是价值判断，选什么专业、找什么工作、找什么伴侣、过什么样的人生，这些判断都没有真假之分，都是价值判断。

事实判断和价值判断很难区分，比如小明考试考了60分，一块面包含有100卡路里的热量等，这些看起来都是事实判断，但是它们又不仅仅是事实判断。比如小明妈妈说小明考试只考了60分，这意味着小明应该更努力学习了。比如当你对一个肥胖的人说，这块面包含有100卡路里的热量，这意味着他不应该再吃这块面包。当我们在不同的语境下表达事实判断，往往带有价值属性，价值判断可以指导我们"应该"怎么做。

那事实判断和价值判断如何区分呢?

第一，事实和价值基于两种不同的原则，**事实是基于自然因果原则，而价值是基于目的和动机原则**。比如"树在摆动"，这是一个自然事实，该事实的原因是风的吹动，而风产生的原因又与大气气压的变化有关，这些都是自然事实，因为它们遵循自然因果。

第二，**事实没有目的，而价值有目的**。事实判断是对客观事物的描述和陈述，而价值判断常常是基于判断主体的目的和动机，并且我们经常利用事实包装我们的价值判断。当销售人员告诉你一栋房屋南北通透、冬暖夏凉的时候，看似是在陈述事实，但是他可能没有告诉你事实的全部，比如没有告诉你房屋建造粗糙，旁边还有一个垃圾场等。只陈述部分事实，目的是让你做出有利于他们的价值判断。所以，在现实生活中，事实判断和价值判断往往非常模糊，这是因为，**事实本身没有目的，但是做出判断的人往往是带有隐蔽目的的**。

"张三正在奔跑"是一个事实描述，但可能不是全部事实，张三在奔跑可能是张三在锻炼身体，或者张三在追小偷，或者张三在赶往约会的路上，这些都可能是事实。只有明白了张三奔跑背后的目的和动机后，我们才能区分哪一个是真正的事实。从这个角度看，是价值判断决定了什么是事实。

第三，**任何判断都是价值判断**。事实判断本身是一个被误用的概念，我们可以描述或者陈述事实，但是任何"判断"都带有价值倾向，正如尼采说："没有事实，只有阐释。"这是尼采著名的视角主义的名言，在《超善恶》这本书里面，尼采说："视角是所有生活的基本条件。"但更准确地说，只存在事实描述，任何判断都带有价值倾向。

"这是一个苹果"只是一个事实描述，没有跟其他任何东西产生关系，并不指向任何一个结论或者目的。但事实判断基于"事实的判断"，或者说事实是判断的证据或者材料，所以事实和判断是两个层面的事情，而日常生活中的大部分事实都属于"事实判断"。但是陈嘉映在《价值的理由》中说，"事实判断"并不是一个好的词，因为事实和判断是两个层面的话语，事实判断会让我们误以为我们在谈论事实，但是事实判断的关键其实是"判断"，这两者完全不一样，事实判断得出的结论虽然基于事实，但把它们结合起来进行判断就不一定是事实。

第四，**我们永远只能看到部分事实，而不是全部事实**。举个例子，一家公司拿到一份数据报告，说 2021 年我国 60 岁以上的人口超过 2.6 亿。这是一份具有可靠调研的报告，是一个事实。公司的小王看了报告之后，主张今年公司的战略方向转向老年人市场；而公司小李看到了这份报告，主张公司的战略方向转向婴幼儿市场。基于同一个事实，可能得出不同的判断，因为小王看到的是事实本身——老年人群体正在壮大，而小李还看到其他事实，比如我国正式放开了三胎政策，婴幼儿市场也大有前途。事实是做出判断的前提和基础，但问题是我们永远只能看到部分事实，而不是全部事实。

再比如两车追尾，如果这是一起简单的交通事故，以现场的事实来判断的话，追尾的车应该负全责。但是如果还有其他一些事实，比如撞车的人和前面的人有深仇大恨，他这次撞车是蓄意的，甚至是想蓄意谋杀，这就不是简单的交通事故了。事实不仅仅是撞车，我们要考察的事实范围非常广，甚至要考察肇事司机过去的生活经历、言行举止和做事方式等。所以，基于事实得出的判断不一定是事实。

第五，**事实是判断的材料和证据**。判断本身是为了获得一个结论，或者指向一个目的，从这个角度说，任何判断都是价值判断，都是带有主观目的的价值选择，这就是尼采的"视角主义"。判断本身就是一种选择，要选择就要做取舍，而取舍需要一个参考标准或者参照物。比如牛奶中含有蛋白质，猪肉中也含有蛋白质，这两个都是事实，但是这些事实没有目的。选择喝牛奶还是吃猪肉需要判断和选择，假如我正在减肥，就不选择吃猪肉，假如我喜欢美食，就会选择猪肉。

判断的关键是在于"价值的取舍"，而事实是价值中立的，甚至不带价值，一旦一个事实和一个主体产生关系之后，主体就会赋予事实以价值属性，比如猪肉和牛奶都含有蛋白质，这是带有鼓励性质的事实。当这些事实和人产生关系之后，价值就产生了，关系和价值会同时出现。价值是客体对主体的效益关系，或者说价值是客体对于主体表现出来的积极意义和有用性。

当事实和事实之间产生关系的时候，结合的事实还是真实的事实，但是一旦事实和人产生关系之后，事实就不一定是真相了，因为人是一个认识的主体，我们会主动赋予不同事实不同价值。或者反过来说，同一个客体对不同人有不同的价值，你更喜欢牛奶，就会认为牛奶更有价值，你更喜欢猪肉，猪肉对你来说就更有价值。所以，事实判断和价值判断在我们日常生活中非常难以泾渭分明地分开，凡是人做出的判断，都带有价值倾向。事实遵循自然因果，但是价值往往受判断者自身的动机、意图、目的、情感、信念等因素的影响。

事实和价值常常很难精准区分，那区分它们有什么重要的意义呢？

第一，事实和价值的分离可以让我们获得客观的科学知识，科学知识是由事实判断构成，科学是基于事实和自然因果关系做出的判断，科学知识让人类不断获得进步。基于事实做出判断，这是一种科学精神。

第二，事实与价值的分离也让我们的思维获得了更大的自由度。我们常说，**你看到的可能是别人希望你看到的，你相信的可能是别人希望你相信的**。从某种程度上说，我们看到的事实永远是部分事实，而不是事实的全部。同时，在现实生活中，我们的思维经常被禁锢在某种习以为常的观念体系之中。我们常常基于那些未经审视的价值观、道德观、信念信仰、情感偏好做出判断，却很少去追问事实与真相，而实际上事实才是我们做出准确判断的前提和基础，这就是我们常说的"实事求是"，这既是一种科学精神，也是一种让我们避免掉入各种经验主义、价值观陷阱的思维方式。

小结

这一章的主题是思维。我们介绍了三种提升思维质量的方法：奥卡姆剃刀、第一性原理、休谟的铡刀。思维方法有一个共同的特点就是做思维的减法，去掉思维中一些不必要的前提、假设、观念和逻辑。它们不仅影响我们的思维判断，让原本简单的问题变得复杂，同时还给我们平添了很多不必要的烦恼。

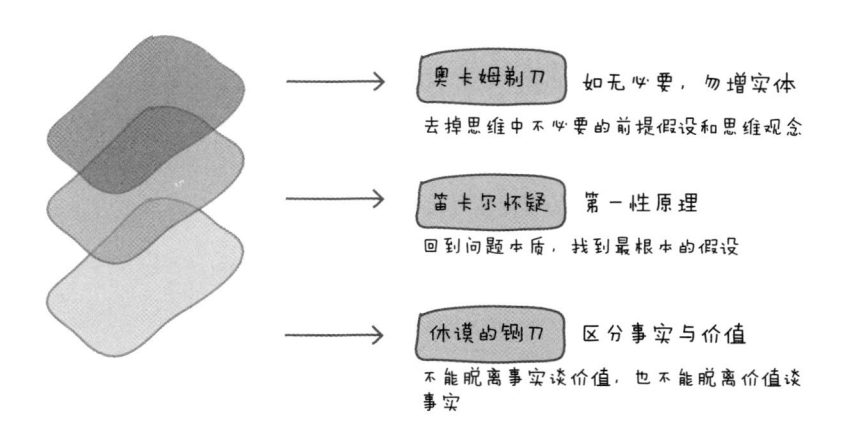

→ 奥卡姆剃刀　如无必要，勿增实体
去掉思维中不必要的前提假设和思维观念

→ 笛卡尔怀疑　第一性原理
回到问题本质，找到最根本的假设

→ 休谟的铡刀　区分事实与价值
不能脱离事实谈价值，也不能脱离价值谈事实

哲思启示录

* 保持思维的简洁、提升思维判断质量的"奥卡姆剃刀"是一种好用的工具，"如无必要，勿增实体"的理念能帮我们去

掉思维中不必要的前提、假设、观念，因为前提假设越多的命题，往往不确定性越高，结论的可靠性也越差。

* 除了去掉思维中不必要的前提假设、思想观念，还需要回到问题的本质，找到那些最初的、最根本的假设，这就是我们通常说的"第一性原理"。每个系统中都有一些最根本的假设，它们是最小的确定性，从它们开始去建立推理或者解决问题才是最可靠的。笛卡尔为我们提供了第一性原理的方法论，它有四个原则：自明律、分析律、综合律和枚举律。

* 最后我们还介绍了休谟的铡刀，理解了事实与价值的区别与联系。在日常生活中，我们往往混淆事实和价值的区别，把价值当成事实，或者把部分事实当成事实的全部，从而产生了很多谬误和偏见。实际上事实与价值是统一体，我们不能脱离事实谈价值，也不能脱离价值谈事实。价值基于事实，但是价值也决定了事实的范围。

09

热爱：因为我喜欢啊！

我可以很容易就画得像一个大师，但我要用一生来画得像一个孩子。

——毕加索

柏拉图把艺术家排除在"理想国"之外，因为他认为艺术所代表的非理性是理性的敌人。我们通常认为感性是理性的敌人，并称其为非理性，我们赞扬理性、排斥非理性，但是一个真正热爱生活的人，不仅仅是理性的人，也是一个非理性的人，他拥有自己的热爱，凭直觉做判断，也极富想象力。在今天，理性占据了生活的主导，非理性的价值被远远低估了，因为人不是理性的机器。正如福柯所说，人生在世并非为了使自己变成符合某种身份标准的正常人或理性的人。对人来说，最重要的不是把自身界定或确定在一个固定的身份框架之内，而是要通过游戏式的生存美学，发现人生的"诗性美"，创造出具有独特风格的人生历程。

你为什么画画？

一个周末的早上，我送睿之去画画，电梯里一位邻居看到睿之手里拿着一幅画，就问睿之是去学画画吗。睿之说是的，邻居问他为什么学画画呢。他说，因为我喜欢啊。睿之的回答没有半点迟疑，而我却陷入了思考。因为就在两天前，我有一位做咨询的朋友说，他非常喜欢他的工作，但是为了生活也不得不去做自己并不喜欢的事情，内心非常纠结。而小孩轻松自然地说出"我喜欢"时，没有功利的计算，也没有现实的苦恼，只有最直接、最纯粹的热爱。我觉得至少此时此刻，他是幸福的。

高考结束之后，很多家长留言问我"孩子报考什么专业好？什么专业比较主流？什么专业未来比较好找工作？"等问题，但很少有家长问如何知道自己的孩子真正喜欢和适合做什么，如何发现孩子真正的志趣。我认为这才是更重要的。我们习惯于用普遍的标准、价值观、评价体系去指导自己做出看似合理的选择，但实际上这些普遍的标准压抑了每个人独特的个性，也压抑了我们基于本能的热爱。

老子在《道德经》中经常用婴儿来隐喻"道"，婴儿或者小孩没有什么知识，但是他们知道什么是自己真正喜欢的，什么是自己真正需要的，而成年人往往做不到这一点。我们很容易把别人的喜欢、他人的期待、功利性的目标当成自己的目的，而忘记自己真正喜欢什么，真正需要什么。所以老子说"其出弥远，其知弥少"，出走越远，我们就离事物的本质越远。

内在的喜欢和热爱是我们坚持做一件事持续不断的动力，也是幸福感的源泉。因为这样的愉悦体验不以任何外在的目的为前提。如果我们为了外在的目的做事，久而久之，目的就会吞噬我们做事的热情，最后甚至会让我们变成目的的附属甚至奴隶。

有的父母为了鼓励小孩做作业或者养成一种习惯，会用金钱去激励他们，比如做一次家务给多少钱，提前完成作业给多少钱，考试考了多少分给多少钱。一旦我们将他们的努力和金钱联系起来，看起来暂时增加了小孩做事情的动力，让他们所有的努力都有一个明确的目标。但是久而久之就会发现，当缺少了外在的金钱激励，小孩做事情的热情就会下降，因为他们会在潜意识不断告诉自己，我们是为了某个"目的"而做事情，并不是源自"我真的热爱"这种更持续和稳定的内在动机。

用金钱的回报作为我们行为的动机，其实是成年人的"游戏"。这让我们很难分清楚，我们的热爱是来自本能，还是因为其他利益的诱导，而分清楚这两者是非常有必要的。

我们会因为利益和好处而喜欢一个人或者一个事物，并且会误以为自己真的喜欢，我们把这种喜欢称为"理性"，但这实际上恰恰是非理性的。或许只是我们用理性去合理化了欲望而已，最终只会让我们成为理性的工具人。

当躺平、内卷、佛系、工具人这些词语经常出现在我们的视野，好像热爱这个词已经离我们很远。用自己喜欢的方式度过一生，这是很多人的梦想，但在今天却变成了遥不可及的奢望，但**热爱才是我们生命的原动力，是点燃我们生命能量的火种**。所以，请保护小孩弥足珍贵的好奇心和基于本能的热爱，这是他们观察世界最真实的视角，也是他们无限创新力和想象力的源泉。

正如艺术大师毕加索曾经说的："我可以很容易就画得像一个大师，但我要用一生来画得像一个孩子。"

相信心灵的直觉

哲学家兼数学家帕斯卡说：**理性必须相信心的直觉，且必须将其作为所有推理的基础。**

想象一下，你面前有两样东西，一个精美的茶杯和一叠100元的钞票，你更喜欢哪一个呢？我想你可能不会选择一个茶杯，而会很自然地选择一叠钞票，甚至你会认为这是一种发自内心的喜欢。当然，这里没有道德上的高低对错，更喜欢钱几乎是一个成年人的本能直觉。

当我们把这两样东西摆在一个婴儿的面前，你觉得他会更喜欢哪一个呢？婴儿对钱没有概念，一个造型漂亮的茶杯，可能更能引起婴儿的好奇心。婴儿更喜欢茶杯而不喜欢一叠100元的钞票，这里也没有道德上的高低优劣之分。我们把成年人的喜欢和婴儿的喜欢，对应成为判断上的"好"，那么我们对事物"好与不好"的判断是怎么产生的呢？

　　再更细致地分析我们做出判断的过程就会发现，当我们感知到一个事物，会立刻产生一个知觉印象。根据这个印象会得出两种不同的判断，一种是良知判断，一种是情感判断。这两种判断是混合在一起的，我们一般很难区分。

　　简单来说，婴儿觉得茶杯更好，是因为茶杯本身透露出的一种品质让婴儿觉得茶杯更好，然后才产生了一种情感上的喜欢。在婴儿的知觉印象中，是以良知判断为主，而成年人的潜意识里可能也会认为茶杯更好，但很快有一种强烈的对金钱的情感偏好会占据主导。

　　所以，在成年人的知觉印象中，是以情感判断为主，但这种情感受欲望和理性的影响。比如，我们知道钱能满足更多的欲望，所以我们更喜欢"钱"。成年人更喜欢钱是我们理性地意识到钱能满足我们的欲望，我们不是喜欢钱本身，而是喜欢钱给我们带来的其他价值；而婴儿喜欢的是茶杯本身，而不是因为茶杯很值钱或者其他原因，这两种"喜欢"是完全不一样的。

　　休谟说："**我们容易将因利益发生的情绪与因道德发生的情绪相互混淆。**"我们对一个事物的"喜好"，可能来自两种判断，一个是因为这个事物本来就是好的，另外一个是因为这件事的利益让我们觉得是好的。成年人喜欢钱，并不是因为钱长得好看，而是因为钱在利益上能满足我们的欲求,所以我们喜欢它。同样,我们喜欢一个人,喜欢一份职业,很可能也会混淆这两者的差异。比如我们喜欢一个人,可能是因为他有钱,而不是因为他本身的人格品质。"喜欢事物本身"和"喜欢事物属性满足了其他欲望"是不一样的。

儒家经典《大学》中说:"所谓诚其意者,毋自欺也。如恶恶臭,如好好色,此之谓自谦。"所谓至诚的人就是不自欺,我们闻到一个臭的东西,会自然地产生厌恶的情感;我们看到美好的风景和漂亮的人,会很自然地产生喜欢的情感。这里的"好恶",也就是喜欢或者厌恶,是一种情感判断,这种判断应该来自事物本来的品质,这里的"恶臭"和"好色"就是事物本来的品质。

所以,对事物本来品质的判断就是良知判断。臭的我们就不喜欢,好的我们就喜欢,这是很纯粹的判断。这种判断里面,良知起到了主导的作用,我们根据事物天然本性的感知得出的判断就是良知判断。这其实就是王阳明说的"致良知",基于事物本质的判断,而不是基于事物能满足需求和欲望的判断。

比如我们喜欢一件艺术作品,可能因为它是名画,价值名贵,或者画本身能打动我们的心灵。工作也是一样,我们是喜欢这份工作本身,还是喜欢这份工作满足了我们其他欲望呢?很多人其实是没有进行区分的,很多人不愿意放弃一份自己讨厌的工作,可能是因为这是一个大公司的工作,或是可以拿更多的钱,或是这是一份朋友羡慕的工作。但实际上,我们对这份工作并不是真的喜欢。我们内在的良知判断和情感判断之间产生冲突,从而导致我们经常陷入痛苦和纠结中。

一个人真正的幸福感和内心的愉悦感，来自遵从内心的良知判断，而不是情感偏好，因为情感更容易受到欲望的影响。良知可能短时间内可以被屏蔽，但是我们无法一直忽视良知的声音。因为良知判断是我们的第一直觉，也是我们对一个事物最真实、最原初的判断。

情绪的价值

哲学家大卫·休谟说，情绪是理性的奴隶。我们通常讲情感、情绪和理性对立，推崇理性的价值而贬低情绪的价值，但实际上很多西方哲学家都对人类的理性进行过激烈的批判。比如尼采、叔本华、马克斯·韦伯，以及著名的法兰克福学派。马克斯·韦伯区分了两种理性：工具理性和价值理性。强调理性的统治性，就会导致工具理性的泛滥，最终把人变成理性的工具。韦伯激烈地批判了现代性，也就是理性至上所带来的后果。当今社会中工具理性的例子比比皆是，员工的贡献被量化成一个个具体的考核指标，人的价值被量化成金钱和地位。强调理性的工具作用，很容易陷入工具理性的极端，而失去人存在的价值，以及每个人独特的价值追求。所以，当我们把理性当成唯一的判断标准时，也要谨慎对待理性的能力范围。

人不完全是一种理性的动物，还有情感和更高的价值追求。

精神科学的创始人、哲学家狄尔泰说，科学可以从物理学和生物力学的角度对人类身体的运动做出解释，但是却无法告诉我们跑步这一行为的任何意义。你拥有跑步的科学知识，也没办法告诉我们，从身边跑过的人是在赶时间，是在逃跑，还是在锻炼身体。要理解人类的行为，必须借助外部观察和剖析人内在的主观意义，而要实现这个目的，就必须要在行为者的目的、价值观、需求和欲望的背景下阐述他的行为。

人类的很多行为并非完全遵循理性的逻辑，运用理性我们可以认识到事实上的"是与非"，但事实上的"是与非"并不能完全指导我们"应该"怎么做。理性告诉我们戴口罩当然是正确的，但实际上很多人无法在情绪上认同；理性告诉我们吃太多高热量食物会损害健康，但实际上我们往往对美食毫无抵抗力。

在日常生活中，理性的知识往往无法指导我们做出正确的判断。我们通常认为，一个具有批判性思维的人，是一个讲逻辑、有思辨能力的人。而在现实生活中，情绪和情感当然也非常重要，它们还是理性思维不可或缺的因素。

关于情绪或者情感在决策中的作用，东西方思想和文化存在一些差异。在西方文化中，情绪和理性对立，并且被认为是导致草率推断、非理性决策的主要原因，所以西方思想主张在决策中摒弃情绪的干扰。但是在东方文化中，对情绪和情感显然更包容一些，我国传统的儒家文化强调同情、忠诚等关系与情感的培养，并将它们看成是获得幸福和谐生活的关键。同样，在东方的佛学思想中，对世间万物的同情和爱是形成理性思维的基础。北美的学校将批判性思维视为理性和分析的过程，而日本的学校则更多强调情绪在批判性思维中的作用。

西方思维强调"理性",而东方思维更强调"合理性"。

有一种能力称为"情绪智力",类似于"情商",也就是我们准确地感知、评价和表达情绪的能力。情绪智力高的人更能理解和控制情绪,同理心、道德感、爱和幸福甚至内疚感等情绪能够促使我们做出更好的决策,从而为推理能力带来积极的影响。比如,一个富有同理心的人,更容易理解和接受他人的看法和意见,并且能更积极地改正过去的错误,从而促进理性思考。相反,绝对的理性并非最好的,美国前副总统阿尔·戈尔就指出,美国人之所以没有对一些战争中出现的虐待俘虏事件和大量的平民伤亡表现出强烈的抗议,原因之一就是美国人的道德义愤感不强导致的。所以,我们可以看到情感并非完全是理性思维的敌人,有时候它让我们的决策更具人文关怀,更加"合理"。

其次,基于感性直觉的判断,常常是理性思维的补偿。在丹尼尔·卡尼曼的著作《噪声》中就谈到了直觉在理性思维中的重要性,理性思维基于经验知识和逻辑推理,但是这样的思维方式常常存在认知盲区,人们也会因为一些固化的思维方式做出错误的判断。理性思维是一种"分析"思维,而感性直觉常给予我们"整体"视角,越是经验丰富的专业人士,直觉判断往往越准确。

情绪是人的本能,一个人不可能进行绝对理性的思考,情绪和理性在理性思维中是相互影响、相互作用的。情绪让我们能洞察他人观点背后的情感需求,并激励我们积极采取更符合人性的行为。要成为一个成熟的、适应能力强的人,就必须承认情绪的存在,并努力让情绪和理性保持合作,做出更好、更明智的决策。

不要让经验限制了你的想象力

《庄子·天地》中有这样一个寓言故事。

黄帝在赤水的北边游玩,登上昆仑山巅向南眺望,不久,要回去的时候,他发现自己的玄珠丢失了。于是,他派"知"去寻找,没有找到。他派"离朱"去寻找,也没有找到。派"吃诟"去寻找,也没有找到。最后,他再派"象罔"去找,结果象罔找到了。皇帝说:"奇怪啊!象罔才可以找到吗?"

知、离朱、吃诟和象罔显然都是庄子虚构的人物,皇帝的玄珠是用来隐喻"道"的,知代表拥有才智的人;离朱代表有锐利眼光的人;吃诟代表行动敏捷的人。他们分别使用了思考、眼力、行动却偏偏找不到身处万物之中的"道",而最后象罔找到了。象罔也就是"没有象",也是无象、没有痕迹、无所用心的人。

我们通常认为,一个人拥有知识、技能、经验才是好的,我们知道得越多,能力就越强。但实际上,我们知道得越多,能力越强,反而离真正的道、离真正的事物的本质越远,为什么会这样呢?

举个例子,比如我们面前有一个星巴克咖啡杯,成年人一看就知道这是一个星巴克的咖啡杯,它的本质是用来装咖啡。我们仿佛一眼就看到了这个杯子的本质,但实际上我们受到了经验的局限。它看起来像一个咖啡杯,仅仅是因为我们过去的经验告诉我们,它是一个咖啡杯。

如果把这个咖啡杯给一个婴儿,他可能会首先去摸一摸,感受一下，然后把这个咖啡杯当成一个容器，当成一个乐器，或者当成一件武器，在婴儿眼里一个咖啡杯的本质是不确定的。换句话说，这个事物的本质在婴儿眼里是开放的、多元的，而在一个成年人的眼里，这个杯子的本质被固化成为星巴克的咖啡杯，经验认知反而限制了我们的想象力。

一位粉丝给我留言，他说成年人的经验限制了我们的想象力。有一天他拿着一支筷子问他的小孩这是什么，小孩脱口而出，这是魔法棒。或许是小孩看了《哈利·波特》的电影，在小"哈利·波特"的眼里，一支筷子不再只能用来吃饭，还可以是拥有魔法的"魔法棒"。我们不知道《哈利·波特》的作者J.K.罗琳是如何赋予一根普通棍子魔法的，但这一定是想象力的结果，因为它并不符合经验。小孩的世界没有经验的局限，没有价值观的束缚，反而拥有了无限的想象力，他们对事物的本质也拥有了更多开放性的思考。

老子说："为学日益，为道日损。"我们每天学习求知、增长技能，反而离真正的道和事物的本质越远，我们对事物的认识被文化、价值观、道德观、经验知识局限。而老子告诉我们，要洞察真正的道、看透事物的本质，需要的不是"为学"，而是"日损"，也就是需要不断地摒弃多余的经验知识、价值立场、欲望利益等东西。而这也正是为什么在庄子的寓言中，"象罔"反而能轻松找到"玄珠"，而那些自恃聪明的人反而无法找到。

庄子的人物故事虽然是虚构的，但老子和庄子的思想却并非虚构，而是经得起实践检验的。在《成长的边界》这本书中，著名的心理学家巴里·施瓦茨做过一个实验。他让一些大学生玩逻辑迷宫，这个迷宫有17种玩法，参与的学生只要能成功就可以获得奖励。随着实验的进行，他发现参与的学生一旦发现了一种解决办法，就会反复尝试以获得奖励。

但过了一段时间后，一批新的大一学生加入了实验，游戏规则也改了，新的奖励规则要求参与者发掘出所有的迷宫路线背后的原理和规律。换句话说，他们不仅要完成迷宫，还要提炼分析出背后的规律。有意思的是，第一批实验者中只有一个人做到了，而新来的大学生每个人都做到了。后来施瓦茨将这个实验写成了一篇论文，标题是"如何教人不去发现规律"。施瓦茨告诉我们，通过提供极少的解决方案，对重复的短期成功给予奖励，就会让我们形成路径依赖和经验思维，从而逐渐失去思考能力和创造力。

小孩本来拥有无限的想象力和创造力，但是随着逐渐长大，随着知识的增加，他们的思维也逐渐被固化。从这个角度看，或许知识恰恰是想象力最大的敌人。

小结

这一章的主题是热爱。我们介绍了四种非理性力量,包括热爱、直觉、情绪、想象力。我们常说理性和非理性对立,忽视了情感的力量,但是真正的幸福生活不能缺少情感,真正的理性判断也需要情感的能力。理性和非理性并不是非此即彼、二元对立的,它们都是我们生命中不可或缺的东西。恰恰是因为今天我们忽视了情绪的价值,忽视了发自本能的热爱,忽视了直觉判断重要性,才让我们变得越来越理性,也失去了生命重要的内在驱动力。

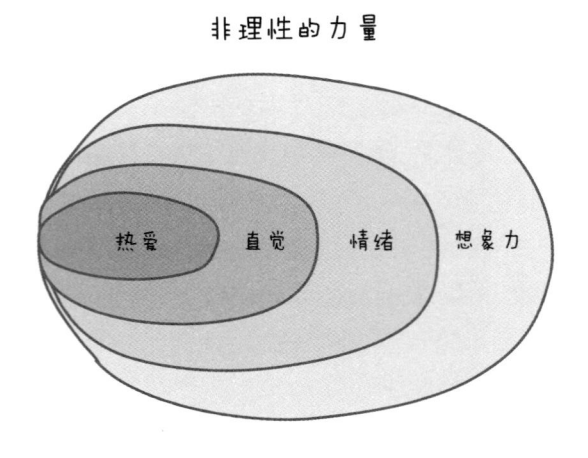

非理性的力量

哲思启示录

* 热爱是一种没有功利目的的喜欢，区分不同类型的喜爱就要区分这种喜欢是来自利益的计算、欲望的满足还是对事物发自真心的热爱。不要让理性和欲望限制了我们的热爱，欲望所带来的激情常常让我们充满热情，但是基于欲望的热情总是短暂和功利性的，真心的热爱才能给我们更持续的热情。

* 我们要谨慎对待不合理的情绪，但情绪也是我们的朋友。我们通常认为情绪是理性的敌人，但在日常生活中，情绪是理性坚实的伙伴，合理运用情绪的价值，才能让我们做出合乎情理的事，而且在很多时候合乎情理比合乎理性和逻辑更能打动人心。

* 保持想象力和好奇心，想象力的反面往往是目的、经验和知识，所以，要保持想象力就不要让那些根深蒂固的观念限制了我们的思维和好奇心。

10

道德：他是好人，还是坏人？

美德即知识。

——苏格拉底

　　道德感是人之为人的尊严，东方哲学强调道德来自人的本性，西方哲学强调理性在道德中的重要作用。本章我们将认识道德的由来，以及道德在实践生活中的意义和价值。

人人皆有良知？

带睿之去看电影，每当一个人物出场的时候，他总是要第一时间知道这个人是好人还是坏人。

在小孩的世界里，这个世界是二元对立的，如好人和坏人、聪明和笨拙、美的和丑的等。小朋友们通常认为，一个事物是好还是坏，是善还是恶，这是事物的固有性质。但显然他们误解了善恶这个重要的伦理观念，是非善恶并不存在于事物中，而是基于我们对事物的判断。那我们是如何进行判断的呢？我们怎么判断一个人是好人，另外一个人是坏人呢？他做了好事就是好人，做了坏事就是坏人吗？显然没有这么简单，我们先来看王阳明的一个故事。

有一天，王阳明的弟子薛侃在花园里面锄杂草，然后顺便问老师王阳明："为什么天地间的善很难栽培，恶很难去除呢？"

王阳明说："你这样理解善恶本来就是错误的。"看薛侃没有理解，王阳明继续说："花草怎么会有善恶之分呢？当你要赏花,就把花当成善的,把花间的杂草当成恶的。当你需要草的时候,又会反过来把草当成善的。这样的善恶划分,其实都是由你心中的喜好或者厌恶产生的。所以说,你的说法是错误的。"

薛侃继续问:"那这样说,善恶之间就没有分别吗?"王阳明说:"无善无恶者理之静,有善有恶者气之动。不动于气即无善无恶,是谓至善。"无善无恶是天理静止的状态,而有善有恶是意气变化产生的,不要随着意气而动,自然就无善无恶了,这就是至善。

薛侃继续问:"佛教中也有'无善无恶'的说法,和老师所说的有什么区别呢?"

王阳明说:"佛教执着于'无善无恶',其他一切都置之不理,所以不能够治理天下。圣人讲的'无善无恶',只是不刻意为善,不刻意为恶,不为气所动。"

薛侃又问:"既然草并不是恶,那么就不应该把草去掉了。"

王阳明说:"那你这样就又陷入佛、道两家的主张了。既然草成为障碍,把它除掉又有何妨呢?"

薛侃说:"这样不是在为善为恶吗?"

王阳明说:"不从私欲上为善为恶,就没有问题,如果完全没有好恶的区分,那人就没有知觉了。所谓不刻意为善为恶,只是说好恶必须遵循天理良知,不夹杂丝毫私心杂念。"

薛侃说:"除草时怎样才能遵循天理,不带私欲呢?"

王阳明说:"草对你有妨碍,依照天理就应当除去,那就除去。偶尔有没来得及除去的,也不要记挂在心里。如果你有了一分记挂,心就会为它所累,那么就会有很多为气所动的地方了。"

最后薛侃说："那么善恶全然不在事物之上了？事物到底有没有善恶之分呢？"

王阳明说："善恶只存在于你心中。遵循天理就是善，动气就是恶。"

这就是王阳明和学生薛侃的一段经典对话，这里王阳明通过花和草的关系，阐述了自己的善恶伦理观。王阳明有著名的"四句教"：无善无恶心之体，有善有恶意之动，知善知恶是良知，为善去恶是格物。

首先，在王阳明看来，事物本身并没有善恶的本质属性，就像花和草并没有善恶，不存在"花是善的"或者"草是恶的"这样的说法。所以，王阳明说"无善无恶心之体"，心体和花草一样本身是没有善恶的本质属性。

其次，事物的善恶判断是人所赋予的，尤其是在实践中赋予的。有判断就有意念或者意识活动，善恶是判断的结果。所以王阳明说："有善有恶意之动。"而在判断事物善恶的时候，要去除私心欲念的干扰，仅凭良知就可以对事物做出是非善恶的判断。所以，王阳明说："知善知恶是良知。"

最后，良知即天理是王阳明提出的经典哲学命题，良知之所以能做出是非善恶的判断，是因为每个人内在的良知和天理是相连接的，良知的判断就是天理的判断。天理是儒家思想的哲学概念，天理既是万物的规律和法则，是事物自然运行之理，也是一个先天的伦理道德原则。

所以，按照王阳明的思想，善恶并不存在于事物本身，而在于我们对事物的判断，判断需要摒弃私心欲念的干扰，仅凭良知和天理做出的判断就是最合理的、道德的。

王阳明认为良知是我们天然的认知判断能力，而且人人都具备良知。

有一天王阳明抓住了一个山贼，王阳明问他有没有良知，山贼嘴硬说没有。于是，王阳明让他把衣服全部脱光，山贼脱得只剩下一条内裤，于是怎么都不肯脱，王阳明哈哈大笑说，这就是你的良知，你也知道在大庭广众之下脱光是一件羞耻的事情。良知人人都有，即便是无恶不作的山贼内心也有良知。

心灵自有答案

有一天徐爱和王阳明的另外几位学生一起讨论"知行合一"，徐爱觉得不太清楚，于是跑来请教王阳明。王阳明说，你先说说你的看法。徐爱说，孝顺父母、尊敬兄长这些道理，每个人都明白，但没有办法完全做到，由此可见，知和行分明是两件事，为什么说"知行合一"呢？

王阳明说，这不是"知行合一"本来的样子，因为私欲已经隔断了这种人的知与行。比如你在路上看到了老人摔倒，本能就会去扶，而这个时候你没有去扶，是因为你有了私虑，你可能考虑老人或许会讹诈你。这个时候你的私虑就遮蔽了良知，在这个事情中，你的良知和行为就不是统一的，中间被你的私虑阻断了。

所以你没有做到"知行合一",也没有做到"致良知"。

王阳明举了《大学》中的例子,即"如好好色,如恶恶臭",意思是说,喜爱美色,厌恶腐臭。懂得美色是知,喜欢美色是行。人们在看到美色的时候就自然喜欢上了,并不是看见美色之后,才生了爱慕心;闻到腐臭是知,厌恶腐臭是行,人也是一闻到腐臭就自然厌恶,并不是先闻到之后才不喜欢。所以,知和行是同时发生的。

王阳明还举例说,我们说某人知道孝敬父母、尊敬兄长,一定是他已经做了一些孝敬、尊敬的行为,才可以说他知道孝敬和尊敬的道理。一个人说知道什么是"痛",他一定是经历过伤痛,才知道痛。知寒、知饥,一定也是经历过寒冷和饥饿。从这些例子就可以看出,知和行不能分开。

徐爱说,古人把知行分成两回事,只是为了让人们能够有区分,好让人明白,一边在知上下功夫,一边在实践下功夫,才能更好地落到实处。但王阳明说,你这样说不对,"**知是行的主意,行是知的功夫;知是行之始,行是知之成。**"如果你领会了这一点,就应该明白只说一个"知",自然有行存在,只说一个"行",自然有知存在,知行本来就是一同存在的。古人之所以把知行分开,是因为社会上有一种人,他们完全不会认真思考观察,只是懵懵懂懂地随意做事,胡作非为。因此必须要跟他们讲"知"的道理,他们才能清醒地做事。还有一种人,不切实际,漫天空想,又完全不愿意有所行动,因此必须要教他们"行"的道理。古人是为了补偏救弊才这么说的,如果真正领会了其中的含义,只要一个知或者行就够了。

"知行合一"是王阳明心学思想的核心理念，这跟我们的直觉相反，我们通常认为先知而后行，先懂得了一些道理，或者学习了一些知识，然后把知识应用实践。

首先，"知"是良知，而不是知识，在王阳明的心学中，良知是一种天然的知性，具有辨别是非善恶的能力，这种知性先于理性，在我们感知到事物之后，就会第一时间出现没有经过大脑理性思考的判断。

其次，"知和行"是一种良知的判断，而判断需要有对象，或者说需要遇到具体事物的时候，才会调用这种判断能力。所以，从这个角度来说，"知与行"是同时发生的，并且必须同时发生，因为良知只有在与外界接触的时候，只有发生"行"的时候才能显现出来。

西方当代哲学家齐泽克在《事件》中举过一个例子：2002年2月，时任美国国防部长拉姆斯菲尔德曾经在"未知和已知"的问题上做过一个准哲学的思考。他说："世界上有已知的已知，就是我们知道自己已经知晓的东西；世界上还有已知的未知，就是我们知道自己并不了解的东西。除此之外，还有未知的未知，也就是那些我们不知道自己对其一无所知的东西。"

当时拉姆斯菲尔德说这番话的目的，是为美国即将对伊拉克展开军事行动进行辩护，意思是说，伊拉克可能还有美国并不知道的东西，比如萨达姆是不是还隐藏了其他秘密等。

但齐泽克讽刺说，拉姆斯菲尔德可能还忘记加第四种情况，那就是"未知的已知"，也就是那些我们不知道自己其实已经知道的东西。其实美国当时明明已经知道伊拉克并没有所谓的大规模杀伤性武器,所以齐泽克的意思是说,拉姆斯菲尔德是在自我欺骗。

齐泽克说的"未知的已知"就是弗洛伊德的"无意识",也就是哲学家拉康说的"不自知的知识"。在拉康看来,无意识并不存在于前逻辑或者非理性的本能空间,相反,它是主体遗忘的、由符号所表述的知识,"未知的已知"构成了日常经验的先验架构。不管是拉康的"不自知的知识",还是弗洛伊德的"无意识",还是齐泽克说的"未知的已知",其实都有点类似于王阳明说的"良知"。但王阳明的"良知"和弗洛伊德的"无意识"的区别在于,"无意识"是我们无法掌控的,而王阳明的"良知"是我们可以感知和发现的。良知是我们心灵的本体,它就是潜藏在我们内心的"未知的已知",良知常常有答案,但我们却视而不见。

哲学家帕斯卡说:"**心灵自有答案,理性对此一无所知。**"

美德即知识

人人都有良知,良知即天理,良知也是人天然的道德直觉。不管是孟子的"四端说",还是王阳明的"致良知",都认为人的道德直觉来自人的本性,是人与生俱来的一种能力。但是相较于中国哲学强调道德源自本性良知,西方哲学更强调理性在道德中的作用。苏格拉底说:"美德即知识。"道德是一种知识,也是一种理性，苏格拉底认为只有具备道德知识的人才能做出道德的行为。

有一天，古希腊哲学家苏格拉底在街上碰见一个路人。

苏格拉底问："你知道何谓有道德的人吗？"

路人回答说："忠诚老实不欺骗别人，就是有道德的人。"

苏格拉底反问："为什么和敌人作战时，我们的将军却千方百计去欺骗敌人呢？"

路人又回答说："欺骗敌人是道德的，而欺骗自己人是不道德的。"

苏格拉底追问："假如你的儿子生病了，又不肯吃药，你欺骗他说，这不是药，而是一种很好吃的东西，这也不道德吗？"

路人只好承认："这种欺骗是道德的。"

于是，苏格拉底说："道德如果不能用是否骗人来说明，那究竟用什么才能说明呢？"

路人恍然大悟，说道："要先明白'道德是什么'，之后才有可能做一个道德的人。"

这就是苏格拉底说的"美德即知识"。你没有关于美德的知识和观念，就无法做一个有美德的人。反过来，苏格拉底说"无知即罪恶"。

道德到底是源自人的本能还是源自人的理性呢？这其实正是东西方哲学的差异，中国哲学更强调人有善良的道德动机，而西方哲学更强调理性在行为中的重要性。一个是从动机上看，一个是从行为过程上看，这是两种截然不同的视角。

道德不仅仅需要善良的动机、道德良知，还需要理性的参与。

我们举一个例子，在家庭中，一些家长经常以"爱"或者"我是为你好"的名义对孩子进行打骂和惩罚，我相信大部分父母都是发自本心地为子女着想，但是如果没有对"爱"有理性的认识，那么这种发自本心的"爱"可能会变成对孩子的一种伤害。

弗洛姆在《爱的艺术》中提出了爱的四个要素：关心、责任、尊重和了解。我们不能以不尊重的方式来表达爱，因为爱本身就应该包括尊重。如果爱不以尊重为保障，那么责任就可能变成支配和占有。这就像很多父母对小孩的爱，其中就有支配和占有。

另外，尊重不是害怕和畏惧，而是指一个人应该顺从另一个人的自身规律和意愿。换句话说，尊重其实是为了保护孩子的独特性，所以我认为，保持足够的尊重是父母对小孩爱的边界。

在现实生活中，只有善良的动机可能是不够的，心怀善良可能会也带来灾难性的后果。因为除了善良的动机，我们还需要有理性的思考。东西方哲学中对道德的关注点不同，善良的初心、合理的行为、好的结果，这三者哪一个更重要呢？哪一个更具有道德价值呢？

首先，在动机上，我们希望做一个善良的人，保持善良的初心。一个人的行为有善的动机，而且行为方式也没有伤害其他人，一般来说这样的行为具有道德价值。善的动机几乎是所有文化中都推崇的道德观，但是从社会治理的角度来看，善的动机很难被验证，一个人可能声称怀有善的动机，但内心可能是邪恶的。

其次，在行为与结果上，一个行为出于善的动机，但是行为方式不恰当，导致了恶的结果，这样的行为具有道德价值吗？比如我们看到路边有乞讨的儿童，于是出于善的动机给了他们金钱，但正因为这样的善举引来更多骗子诱骗儿童行乞，甚至给一些正常的儿童带来了伤害。再如，我们看到某地受灾，于是驾车送去救灾物资，但是因为去的人太多，导致政府的救灾工作无法顺利展开……一个行为在动机上是善良的，但是如果行为方式不合理，最后甚至产生了坏的结果。那我们应该如何去分辨这件事的道德价值呢？这是现实中的道德难题。

这里需要看结果是在预期之外，还是在预期之内。

第一，如果我预期这个行为大概率会产生一个恶的结果，那么我不做这个行为也是具有正当性和合理性的。比如我喂路边的小狗，可能导致小狗对食物产生依赖，进而会被其他人伤害；再比如，我意识到自己捐助小孩会导致更多的小孩被拐卖或者致残，那么不捐助也有正当性。反过来，如果小孩真的被伤害了，那可能有一定的道德责任，因为你主观上已经有预期，所以这个时候更好的处理办法是通过社会机构来解决这种问题，而不是只凭借个人的能力去解决。

第二，如果我预期这个行为不会产生恶的结果，或者产生了我预期之外的恶的结果，那么我做这个行为就具有道德价值。如果在你预期之外产生了恶的结果，负道德或者法律责任的就不是你，而是其他人。比如我捐助了一个人，导致他越来越依赖于捐助，产生他懒惰和不思进取的结果，那实际上是他自己的问题。再比如，你不知道捐助小孩可能导致更多小孩被拐卖，这实际上是社会伦理问题。

在现实生活中判断一个行为的道德价值可以从动机、行为和结果三个方面看。其实道德判断是一个非常复杂的哲学问题，但是我们可以看出，在当今复杂的社会现实面前，要成为一个道德的人不仅仅需要善良的动机，还需要理性的参与。

道德即理性

如何判断一个行为是否具有道德价值？动机、行为、结果和影响哪个更重要？这是道德哲学中具有争议的话题，以英国哲学家边沁为代表的功利主义道德观提出"最大幸福原则"，在结果上，能带来最大幸福的行为就是道德的；而我国儒家思想以"仁"构建了一个道德体系，"仁者爱人"，道德是基于内在善良的动机和本性。但是，哲学家康德提出另外一种可能：是否符合道德，要看行为是否符合普遍的道德原则。

康德的道德哲学来自休谟的一个问题，或者说康德的道德观回答了休谟的一个著名的哲学难题，我们称为"休谟问题"或"休谟的铡刀"。休谟说，从事实命题无法推导出价值命题，或者说，事实判断和价值判断是两个完全不同的问题，它们之间没有必然性。事实判断是回答"是非对错"的判断，而价值判断是回答"好坏、应该或不应该"的问题。我们无法从事实判断推出价值结论，这里的事实判断是以理性为基础的，而这里的价值判断是一种道德伦理判断。所以，也可以说我们无法基于理性做出道德判断。因为在休谟看来，道德问题和事实问题是完全不同的两个问题，它们之间完全没有必然性。

但真的是这样吗？康德否定了这种说法，他说，理性的必然性可以推导出道德的必然性。道德是基于理性来构建的，在理性的领域，真理具有普遍性和必然性；而在道德的领域，真理也应该具有普遍性和必然性。康德说，如果要把道德作为人类普遍的法则，那么就必须基于理性，而不是情感或者某些人的幸福。在康德道德观里面，有三条最高原则或者说绝对命令，这三条命令是：

第一，你行动时，要遵照你意欲其成为"普遍的自然法则"的准则。

第二，你行动时，永远要把人性（无论是你自己的人性，还是他人的人性）视作目的，而不仅仅是一种手段。

第三，你行动时，要按照一个只是可能存在的，目的王国中的成员为其订立普遍法则时遵守的准则。

这三条绝对律令也可以称为康德的道德律令，总结起来有两点：**道德原则必须具有普遍性，人是目的不是手段**。在康德的道德观里面，人是目的不是手段，且备受推崇，我们从中看到了康德对于人的尊重，我们永远不能把别人作为实现自己目的的手段，人应该是目的本身，这是一种非常高尚的道德观。但其实在康德的道德观里面，"道德必须具有普遍性"才是最关键的。道德为什么必须具有普遍性呢？因为康德是基于理性来构建道德观的。

我们可以基于理性得出真理，真理具有普遍性和必然性，这是真理的一个基本特征。而在道德领域，某种道德标准要成为真理的话，也需要具有普遍性。如果道德基于自私自利或者基于情感的话，那么道德就不具有普遍性。

康德举过一个例子，如果一个杀人狂在追赶一个无辜的人，这个无辜的人跑到你的屋里躲了起来，这个时候杀人狂来问你，看到一个人进来了吗？这时你应该撒谎告诉他没有看到，还是如实告诉他这个人就在屋里？在很多人看来，当然应该撒谎。但是康德说，不能撒谎是一条绝对律令，对任何人在任何时候都应该遵守，所以不能撒谎。但是你同时可以告诉他，如果他去伤害这个无辜的人，你会跟他拼命。

在这个思想实验里面，可以看出康德的道德律令非常严格，这种严格来自"普遍性"，对每一个人都适用。比如"不能撒谎"这一条可能对你有利，但是如果你是被撒谎的人，就肯定不希望别人对你撒谎。所以，如果一条道德律令不像一条真理一样具有普遍性，对每个人都一视同仁，那么这条道德律令就不能称为道德。就像在理性的领域，如果一条真理不适用于任何一种情况，出现了一个反例，那么它就不能称为真理。在道德领域也一样，任何一条道德律令都必须具有普遍性和必然性，在任何情况下对任何人都一视同仁。所以，在康德看来，道德价值是基于理性构建起来的，道德必须从理性出发。

在《孟子》里面举过一个例子，说人都具有善的本性，尤其是怜悯之心，比如我们看到一个孩子掉进了井里，都会本能地去救小孩。在孟子看来，救小孩这个行为肯定不是出于某种自私自利的考虑，不是为了好的名声，也不是为了某个回报，而仅仅是出于同情心。但是按照康德的道德观来看，这种出于同情心的行为仍然不具有道德价值。你可能很奇怪，出于同情心为什么不具有道德价值？康德会说，如果仅仅是出于同情心去救小孩的话，这种基于同情心的道德观是不可靠的，不具有普遍性。

　　试想一下，这个小孩是你仇人家的孩子，他们家跟你有深仇大恨，那么你还会去救他吗？不一定，因此道德观不基于情感，不能保证普遍性。康德的道德观是基于理性构建起来的，在任何情况下人都应该遵守这条道德观，就像真理具有普遍性和必然性一样。

　　在康德看来，道德和理性其实是一致的；在休谟看来，道德判断是一种价值判断，是基于情感而不是理性构建起来的。但康德认为，如果要让道德成为放之四海而皆准的法则，那么它就需要具有普遍性和必然性。因此道德必须基于理性构建起来，道德价值具有理性基础。

　　康德说："自律原则是唯一的道德原则。"而自律来自理性对自由意志的规定，所以在康德看来，一个道德的人也必然是一个理性的人。

知者过之，愚者不及

　　如果一位医生为了不给心理脆弱的病人带来巨大的打击，故意隐瞒了严重的病情，这个行为道德吗？在康德看来，这个行为当然不道德，因为按照康德的道德律令，诚实是一项绝对的道德原则，一定不能违背。但如果按照亚里士多德的伦理观来看，这个行为是符合道德的，因为医生考虑到了病人的情感和心理承受能力，做出了恰当的选择，善意的欺骗和道德并不冲突。

在西方哲学中有三种典型的伦理观：以亚里士多德为代表的德性论、以边沁为代表的功利主义、以康德为代表的义务论。功利主义和义务论都有一些具体的原则和标准，比如功利主义提出了"最大幸福原则"，康德也提出了自己的"道德律令"。但相较于这些具体的、明确的道德原则，德性论就显得比较"佛系"了。因为，在亚里士多德看来，道德哲学只能帮助我们思考道德问题，指导我们的行为，但它并不能简化为公式或者法则，道德问题更像是"实践智慧"，这种智慧的终点是"至善"。

亚里士多德在《尼各马可伦理学》的开篇就提出："道德的目的是追求至善，而不是几条简单的原则。"亚里士多德提出著名的"四因说"：形式因、质料因、动力因和目的因，其中最为重要的就是"目的因"。亚里士多德说："一切技术、一切规划以及一切实践和抉择，都以某种善为目标。"因为人们都有美好的想法，宇宙万物都是向善的。

医术的目的是健康，造船术的目的是船舶，战术的目的是取胜，理财术的目的是发财。这些行为都指向了另外一个目的，但是如果我们无限倒推，就应该有一个以自身为目的的最高的目的，那就是善自身，或者说最高的善。换句话说，亚里士多德认为，道德的行为不是为了符合某个其他的目的，比如符合某些绝对原则或者满足功利主义的要求，而应该指向最高的目的——善。

相较于康德把道德、理性和自由等同，亚里士多德把道德、善和幸福进行了关联。亚里士多德认为，相较于关心"我怎么做在道德上才是正确的"，更应该关心"我应该怎样生活才更幸福"这个宽泛的问题。亚里士多德认为，德行一致的生活才是幸福的，而德行一致就是稳定的道德品格。比如有的人在大众面前表现得乐善好施，但是私下又是另外一种品格，这就是德行不一致。亚里士多德的道德观关注的是"人生活是否幸福"，而幸福的生活是德行一致的生活。

亚里士多德说，不为高尚行为感到欣喜的人，甚至不能算是一个善的人。因为一个人不喜欢行事公正的话，没有人会说他是一个公正的人；一个人不喜欢行事慷慨的话，也没有人会说他是一个慷慨的人，其他情况也是一样。道德的行为，必然本身就令人感到愉快和幸福，亚里士多德说，一切知识、一切抉择都是追求某种善。那么政治学所要达到的目的是什么呢？行为所能达到的一切善的顶点又是什么呢？从定义上说，几乎大多数人都会同意答案是"幸福"。所以，亚里士多德的德性论中提出德性的生活等同于幸福的生活，也等同于追求至善的生活。

一般来说，亚里士多德的德性是指一套有价值、有坚定秉性的性格特征或者人格品质，比如勇气、诚实、谦逊、节制、体贴、慷慨、善良等都是一种德性。从这些德性可以看出，其实亚里士多德的德性论，更注重的是实践，而不是一种动机或者结果，所以也被称为实践智慧。既然是一种实践智慧，那么这种德性就不是先天的禀赋，而是后天习得的。但他也强调，自然赋予了我们接受德性的能力，我们通过实践才能获得这种德性。

所以亚里士多德认为，要成为一个有德性的人，只有道德的知识和禀赋是不够的，还需要在后天的实践中不断领悟，就像看过很多书，你也学不会游泳一样。而德性就像游泳，是一种在实践中不断磨炼的智慧，而最终的目的是让我们获得幸福的生活。

在具体的实践中，怎么做才算是有德性呢？除了开始我们说的善良、勇敢、谦虚这些道德品质以外，还有一个思想非常重要，那就是我们熟知的"中庸"。亚里士多德注重实践的德性，这和儒家思想类似。亚里士多德说，正确的行为是过度和不足的平均数，过度和不足都是恶习，是道德的对立面。一些良好的道德品质存在于两种极端之间的"黄金分割点"上，比如勇敢是过度鲁莽和过度怯懦之间的黄金分割点，幽默是过于严肃和过于滑稽之间的黄金分割点，而如何达到两个极端之间的恰当的分割点是需要练习和实践的。

其实亚里士多德有这样的道德观也并不奇怪，中庸不仅是东方的古老智慧，也是古希腊的古老智慧。在古希腊的德尔斐神庙的石碑上刻着两行字："认识你自己，凡事勿过度"，它们是几千年来人类智慧的结晶。《中庸》中说："道之不行也，我知之矣。知者过之，愚者不及也。""执其两端，用其中于民，其斯以为舜乎。"这些都体现了一种适当性和合理性，是一种实践智慧。《大学》中说："大学之道，在明明德，在亲民，在止于至善。"儒家思想也将追求"至善"作为最高追求，这些都是东西方思想相似的地方。

值得做的事情，不一定应该做

一位快递员骑车时不小心剐蹭了一辆豪车，维修费要几万甚至几十万，车主应该向快递员索赔吗？从事实上看，原因和结果很清晰，车主索赔具有合理性，甚至受到法律的支持，但是很多车主并不会这么做，因为他们知道这样做虽然是合理的，但并不具有正当性。如果他向快递员索赔，人家这一年或许就白干了。

合理性、合法性和正当性，是重要的社会伦理问题，甚至也是法律问题。有的事情合理，但不合法；有的事情合理合法，但不正当。那如何在现实中进行判断和选择呢？在这三者之中合法性比较容易判断，我们不能做违法的事情，那合理性和正当性应该如何取舍呢？当价值判断和道德判断产生冲突的时候，我们应该如何抉择？

什么是价值判断，什么是道德判断？

简单来说价值区分好坏利弊，而道德区分是非善恶。当我说深圳比北京更适合创业，这是一个价值判断，我在比较后得出对创业者来说深圳更好。而当我说你是一个虚伪的人，这就是道德判断。价值判断是基于优劣利弊做出的，或者说是基于理性计算得出。价值判断得出的是做一件事的合理性，合理的判断可以指导我们做出合理的选择；但是道德判断是基于道德原则做出的，它让我们知道是否应该做一件事。价值判断给出了我们做一件事的合理性，而道德判断给予了我们做一件事的正当性。正当性和合理性不一样，我们做一件事的最高原则应该是正当性而非合理性。

我们说做事要符合道义或者说正义,就是说一个人的行为要具有正当性。正当性和合理性有时候是冲突的。

合理性是基于价值判断得出的,但是不一定在道德上具有正当性。比如大公司根据自身利益,在不触犯法律的情况下打压初创企业,进行恶性竞争;或者公司根据自身利益,在不触犯劳动法的情况下,解雇一位处境非常艰难的员工。这些情况在自己的价值判断上可能是合理的,但是在道德上并不是正当的。

所以,当正当性和合理性发生冲突的时候,不管是做人还是做事,要让自己理直气壮、安心,最重要的是这件事具有正当性。而且很多时候,我们会用合理性来论证甚至维护自己行为的正当性。

从根本上说,要真的让一个人心服口服,合理性往往不够。合理性很多时候也受到法律的保护,被法律赋予了合法性。但是判断一件事应不应该做,正当性才是最根本的判断原则,它让一个行为在理性、法律、道德和社会习俗层面都变得值得去做。

如果快递员剐蹭了一位蛮横的豪车车主的车,车主想要快递员赔款,这虽然是合理的,甚至在法律上是合法的,但他直接这样做,内心可能会过意不去。所以,他会找其他理由来合理性自己的行为,并赋予自己的行为以正当性。他可能说,快递员是故意剐蹭的,或者说这辆车是借朋友的,快递员不赔的话,自己也要花钱赔等。这些借口都是想要赋予自己索赔这个行为以正当性,而不是合理性。因为在这个时候,其实他是有理由索赔的,只是缺乏正当性。

正当性就是符合正义和道义,是一种价值判断,也是一种道德判断。合理性一般来说就是符合理性和逻辑,符合因果关系的价值判断。合理性可以让人口服,但可能心不服,只有正当性才真正让人心服口服,让人从心里佩服和尊重这样的行为。

总的来说,合法性规定了我们能做什么,合理性指导我们值得做什么,而唯有正当性才告诉我们应该做什么。它才是我们判断一件事的最终原则和标准,就像孟子所说:**"仁,人之安宅也;义,人之正路也。"** 做符合道义、符合良知的事,才是我们应该走的"正路"。

小结

这一章的主题是道德。我们从王阳明的"良知"开始,到苏格拉底的"美德即知识",再到康德的"道德即理性",最后谈到了亚里士多德的德性论以及儒家中庸的道德观。相较于东方文化比较强调善良的动机在道德中的作用,西方文化比较强调理性在道德中的作用,但是"至善"是东西方共同的追求。

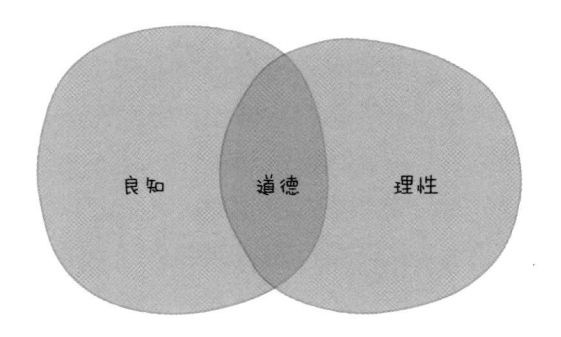

良知　道德　理性

哲思启示录

* 人是有道德的动物,也是人之为人的尊严。善的动机、恰当的行为、好的结果都是道德重要的内容。不同哲学家的道德观所关注的点不同,儒家思想更关注善的动机和恰当的行为,

亚里士多德的德性论更关注幸福的生活，边沁的功利主义道德观更关注好的结果，而康德的义务论、道德观更关注绝对理性的道德原则。

* 理性可以让我们做出合乎理性的行为，但是德性可以让我们做出合乎道德的行为。在面对合理性和正当性的问题上，最重要的判断原则还是道德上的正当性。有的事情在理性也许具有价值，但如果这个行为不具有道德上的正当性，我们也需要谨慎对待。

* 理性是一种能力，而道德是一种可以超越理性之上的主动选择，是人之为人的尊严。正如康德说的："有两样东西，我们愈经常愈持久地加以思索，它们就愈使心灵充满日新月异、有加无已的景仰和敬畏，那就是在我之上的星空和居我心中的道德法则。"

11

自由：我可以吗？

自律即自由。

——康德

裴多菲说:"生命诚可贵,爱情价更高,若为自由故,二者皆可抛。"自由是我们日常生活中非常重要的概念,人人都渴望自由:财富自由、工作自由、人身自由等。但人能真正拥有自由吗?或者说人在多大程度上是自由的?本章我们将探求自由的本质。

自由的边界是责任

睿之从小很喜欢各种小动物，每次看到楼下的小猫小狗，总要上前看一会儿。不过因为他天生有点过敏，所以医生建议不要养宠物。有一年春节我们去花卉市场买花，顺便逛了一下宠物市场。睿之看到几只可爱的仓鼠，于是想在家里养几只。虽然再三劝说，他还是坚持选择要养仓鼠，于是我们尊重了他的选择自由，不过告诉他要为自己的选择负责，要每天照顾仓鼠。

责任是自由的一部分，但我们经常忽视这一点，很多人对"自由"这个概念有误解。在定义上，自由一般表示人类可以自我支配，凭借自我意志行动，并对自身的行为负责的一种能力和权利。自由是政治哲学的重要概念，自由常常是以社会伦理和政治权利的方式被讨论。在自由的概念中有三个至关重要的内涵：自我支配、自我意志、行为责任。

自由不是绝对的、为所欲为的自由，因为一个人的自由可能会否定其他人的自由。比如你为所欲为地伤害他人，这就是对他人自由生存的否定。如果每个人都拥有为所欲为的自由，最后所有人都会失去自由，这就是波普尔说的"自由的悖论"。因为，自由不仅意味着对自我权利的肯定，也意味着对他人自由权利的剥夺。所以，自由应该是有边界的，法律、道德和各种社会制度都有明显的边界，但自由还有一个隐性的边界——责任。

我们拥有选择的自由，那么我们就需要为自由选择负责，这是存在主义哲学的基本观点。存在主义哲学家把存在分为两类：自在的存在和自为的存在。自在的存在是偶然和无意义的，是物的存在；而自为的存在，也就是人的存在，才是有意义的。人因为拥有自我意识，拥有了绝对的自由，可以自主创造，并赋予自我存在的意义，这种绝对自由是通过自由选择来实现的。

在存在主义看来，一方面，人有绝对的自由，每个人都可以自由选择自己的行动，甚至可以说，正是选择和行动让我们的存在得以显现。但是另一方面，绝对的自由也带来了绝对的责任。英国文学家萧伯纳说：**"自由意味着责任，这就是大多数人畏惧它的原因。"**

所以从某种意义上说，自由并不是得到想要的东西，而是为自己想要的东西负责。自由的另外一面就是无法逃离和丢弃的责任枷锁，这是存在主义自由观中关于自由的两面性。自由是一种权力和与生俱来的天赋，但是这种天赋又附带有沉重的负担，那就是责任。

第二次世界大战结束很久以后，一个叫艾希曼的纳粹高级军官被抓捕了。在接受审判时，他为自己开脱说："当我屠杀犹太人时，我是别无选择，因为我是军人，军人的天职就是服从命令，我没有选择的自由。"但萨特说他这是自欺欺人,他当然有选择,他可以选择叛乱谋反,也可以选择当逃兵,甚至还可以选择以死抗命。实际上在纳粹官兵中,确实有很多人做出了这样的选择。艾希曼选择了服从命令,这是他自由选择的结果,而不是别无选择。那些声称自己没有选择自由的人,只是自欺欺人,只是因为不愿意承担选择的责任。

其实在我们生活中,这样的例子比比皆是,你选择什么专业,不是父母决定的,你有选择的自由;你选择什么工作,不是社会环境决定的,你也有选择的自由;你选择创业还是打工,也并非家庭环境决定的,你也有自由选择的权利;甚至你想要怎样的生活,都是你自由选择的结果。面对生活的困难和挫折,是积极面对还是消极应付,你显然有自由选择的权利,只是看你是否愿意承担选择的后果而已。

在任何时候,我们都有选择的自由。弗兰克尔在《活出生命的意义》中说:"人不是完全被制约和决定的,而是能决定自己是否屈服于环境或是勇敢面对环境;换句话说,人最终决定着自己的命运。人不是简单地存在,而是经常决定自己怎样存在,以及在下一刻自己将成为什么样的人。同样,每个人都有随时改变决定的自由。一个人的人格在本质上是不可预测的。"

自由是一种选择,同时也意味着责任,而且是独自承担责任。任何外在的约束,都不能成为你自由选择的借口。所以,萨特说:**"人真正的不自由,就是你永远都无法摆脱自由。"**

自律即自由

"生命诚可贵,爱情价更高。若为自由故,二者皆可抛。"这是诗人裴多菲在《自由与爱情》中的名言。自由是我们今天经常谈论的话题,自由的意义甚至可以高于生命与爱情。前面我们讨论了自由与责任的关系,接下来我们讨论自由与理性的关系。"自律即自由"是很多人的座右铭,而这句话就出自哲学家康德,康德为自由这个概念注入了理性和道德的内涵。

自由和自律通常看来是相反的概念,为什么康德把它们统一起来了呢?康德把道德看成人类社会实践领域的一种真理,在理性的领域,真理具有普遍性和必然性,这也是真理的特征。而在实践领域,道德同样具有普遍性和必然性,道德是所有人奉行的绝对的律令或者说命令,它就像理性世界中的真理一样对所有人一视同仁,没有例外。康德的道德观很严格,严格到自杀或者荒废自己的能力,都是一种不道德的行为。为什么如此严苛,是因为康德的道德观是基于理性构建的,更准确地说,是基于真理的标准而构建的,它是人类实践中的真理。

在康德著名的"三大批判"的第二本《实践理性批判》里面,还回答了这么一个问题:自由如何成为可能?康德认为道德、理性、自由是统一的,是具有内在一致性的。这看起来有点奇怪,说到自由,你可能觉得自由有什么难的呢?想做什么就做什么,想吃什么就吃什么,这不就是一种自由吗?但在康德看来,这只是一种按照自然本能的行为,不能称之为自由,高级点说叫自然,低级点说就是放任。

康德的自由观，跟我们通常理解的自由不一样，或者说恰好相反。因为自由和自然是相对的，自由是一种超越自然的能力。如果自然是按照大自然赋予的天性和本能而行事，那么自由就是按照理性的原则而行事。自由是人类特有的一种权利，而自然是所有动物都有的一种权利。这康德的自由观是自律即自由，因为自律是一种理性的象征，是一种用理性克制欲望和本能的能力，这正是人拥有自由意志的表现，所以，自律可以等同于自由。

关于如何正面拥有自由，康德借助了道德观念来阐述。康德说，道德就是一面镜子。他还说，**道德是自由的认识理由，自由是道德的存在理由**。

这是什么意思呢？比如你在很饿的时候，看到面包店里面有一块面包，你不会去随便拿来吃，因为这是不道德的，所以你会忍着饥饿，保持理性。这个时候，你才真正拥有了自由。在这个场景里面，道德让我们克制住了内在自然的动物本能，或者说是道德让我们认识到了自由的存在。这就是康德说的"道德是自由的认识理由"。

那"自由是道德的存在理由"是什么意思呢？在康德看来，道德和理性是同一的，道德是理性的产物，是理性构建的自由和理性也是同一的，拥有理性才拥有自由，自由的行为就是理性的行为，自由是一种超越自然的能力，这就是理性。所以，自由是道德存在的理由。因为有自由，因为有理性，我们才有道德。道德是外在的自由，自由是内在的理性。

康德认为，人之所以区别于其他动物，是因为人具有理性，其他动物只能按照自然法则而行事。人类因为拥有了理性，所以也拥有了自由，拥有了超越自然的能力。康德的自由观和斯宾诺莎的自由观类似，但也有区别。

哲学家斯宾诺莎说："自由就是对必然性的认识。"或者说，自由就是超越自然的必然性。这样看来，康德和斯宾诺莎对自由的理解是一致的。在斯宾诺莎的自由观里面，"自然"也分为两种，一种是作为原因的自然，一种是作为结果的自然。比如花草树木、山川河流就是一种结果的自然，它们是被动的、没有意识的。还有一种自然是"产生自然的自然"，或者说"创造了自然的自然"，是自然的原因或者规律。这个自然是一个实体的概念，是所有部分相加的一个整体的自然，也就是神或者说上帝。

在斯宾诺莎看来，上帝通过自然法则来主宰世界，在物质世界中发生的每一件事都有必然性。世界上仅有上帝拥有完全自由，人虽能试图去除外在的束缚，但永远无法获得完全的自由意志。

一个人的认识水平越高、对自然的认识越深入、对自然规律把握越透彻，那么他在自然面前就越自由。这是康德和斯宾诺莎自由观不太一样的地方，斯宾诺莎预设了上帝是全知全能的存在，拥有最全面的自由，而在康德看来，理性才是自由的来源，人可以通过理性获得全面的自由——**自律即自由**。

消极自由和积极自由

什么是自由？在西方现代哲学中，对自由这个观念影响最大的是以赛亚·伯林，20世纪最杰出的自由主义思想家之一。他的主要贡献在于在对消极自由和积极自由进行了区分。

我们通常认为，积极自由好像更好一些，消极自由有一些负面的意思，但实际上正好相反。英国哲学家伯林继承和发扬了以洛克、密尔等为代表的自由观，在西方哲学中，从霍布斯、洛克，到边沁和密尔等英国哲学家，他们所强调的自由观念是一种消极自由观。

伯林对消极自由和积极自由做出了区分：

消极自由：免除……的自由；

积极自由：去做……的自由。

简单来说，消极自由是带有自我保护的否定性的自由，而积极自由是带有肯定性、扩展性和自我实现性的自由。消极自由是免除强权干预或者法律限制的自由，是我可以不做什么的自由，是个体自由，是人权不受干涉的自由，比如今天的躺平、佛系、反内卷主要体现了消极自由观；积极自由是我们可以做什么的自由，代表性哲学家包括卢梭、康德、黑格尔、马克思等，比如康德的"自律即自由"就强调我们主动运用意志去自我实现的自由，这是一种积极自由观。

伯林指出，积极自由与消极自由是古代和现代两种有冲突的自由观念，伯林用保护个人自由的"消极自由"概念，去批判了以康德为代表的"理性至上主义"的积极自由观,也批判了卢梭式"强迫自由"。伯林为什么要区分消极自由与积极自由呢?背后有两种价值观的冲突:价值多元论与价值一元论。伯林认为,两种自由并不是对同一个概念的两种不同解释,而是对于生活目标的两种存在深刻分歧而且不可调和的态度。

伯林认为,我们生活在一个众多的绝对和终极价值相互冲突的世界之中。目的的多样性及相互冲突不可能从人类生活中彻底消除。因此,必须反对"理性一元论"的价值绝对主义,而维护在多元价值和多种生活方式之间进行选择的自由,即消极自由。所以,伯林推崇消极自由的背后是主张价值多元论,人有选择各种价值主张的自由和权利。

积极的自由当然是好的,人应该活出自我,做自己的主人。但是,如果把积极自由放到政治哲学中,就可能导致极权的恶果。比如奉行积极自由的人有自己的主张,并且希望推广自己的主张,要求别人也按照自己的想法和目标行动。

每个人都有自己的想法,那按照谁的想法更好呢?思想观点必然存在冲突,如果其他人的想法与我不同,那么我的行为就会受阻,我的积极自由就遭到了妨碍。这时应该怎么办呢?我们会选择妥协甚至被他人的想法所束缚吗?显然不会,拥有积极自由的人相信自己是理性与意志的拥有者,会倾向于把自己的意志强加于他人,要求他人听从自己的意愿,从而扩大自己的自由。这也意味着个体的行为能力得到提升,个体对社会资源支配能力得到提升。但反过来,积极自由对他人的压迫和强制也会增加,会侵入消极自由所划定的领地,最终造成极权的压迫。

伯林看重"消极自由"的积极作用,消极自由实际上为自我保护划定了一个范围,他说:"必须建立这样一个社会,其中必须存在自由的某些疆界,这些疆界是任何人不得跨越的。确定这些疆界的规则有不同的名称或本性——它们或许称作自然权利,或许称作神的声音、自然法、功利的要求或'人的永恒利益'。"

为了与价值一元论相对抗,伯林更强调多元价值观,承认人类的目标是多样的,人们在各种目标、各种价值中自由选择,秉持自己的信念。但人们也意识到自己的信念是有限的、相对有效的,而非绝对真理。于是,他们坚持信念,也尊重他人对信念的坚持。**自由本身就是目的,而不是实现目的的手段。**

积极自由和消极自由的划分有什么问题吗?后来的哲学家指出,伯林对于积极自由和消极自由的划分并不成功,因为二者正是同一个行为的两种解释。比如我可以选择躺平、不消费、不努力,这看起来是一种消极的自由,因为可以拒绝被消费文化裹挟,拒绝加入内卷的恶性竞争。但这也可以看成是一种积极自由,比如我们也可以将躺平理解为**"我可以主动和积极地选择不加入内卷和不附庸主流文化价值的自由"**。那选择躺平这件事到底是积极自由还是消极自由呢?

杰拉尔德·麦卡勒姆认为,积极自由和消极自由的划分是模糊的,甚至没有多少实际意义,原因在于这两种自由的区别从来不是清晰明确的。他认为不管是谈论某个行动者的自由还是某些行动者的自由,它始终是指行动者摆脱某些强迫或限制、干涉或妨碍,去做或不做什么、成为或不成为什么的自由。换句话说,**自由的本质是对压迫的否定。**

存在绝对的自由吗？

财富自由、上班自由、旅行自由、购物自由……获得自由自在、无拘无束的生活是很多人的人生理想和目标，但把追求自由当成人生目标的想法可能是错误的。

首先，自由是对不自由的感知与反应。

我们通常把自由理解为一种不受约束的状态，自由强调的是自身和环境的关系，不存在孤立和绝对的自由。你把小鸟从笼子中放出去，你会觉得小鸟自由了，因为它不必再受鸟笼的束缚，但小鸟的自由却可能受到老鹰的约束。你高中毕业后，远离家乡进入大学学习，没有了父母的管教，你会觉得你自己自由了，但学业的压力却可能压着你喘不过气来。

我们对"自由"的感知是以"不自由"为前提的，我们之所以追求和向往自由，是因为我们常常感觉自己"不自由"。而追求自由不是一种与生俱来的本能，它仅仅是我们对不自由的一种反应和感知。就像老子在《道德经》中所说："天下皆知美之为美，斯恶已。皆知善之为善，斯不善已。"我们之所以能感知到美、丑、善、恶，是因为它有对立面。自然万物本身并没有美、丑、善、恶的属性，它们只是自然而然地存在着，这种状态我们可以称为"自然"或者"自在"。自由是对不自由的感知和反应，自由的关注点是外在环境和自身的关系，我们渴望挣脱这种关系带来的压迫和束缚。自由强调对外在环境的掌控，而自在则强调对自我真实存在的感知，自在的关注点在自身。

万物都生长在大自然中，它们各有约束，相较于我们通常理解的自由而言，它们都是不自由的。即便强大如狮王，也不能像小鸟一样飞翔，即便高傲如雄鹰，也不能像鱼儿一样在水中畅游。但是狮子、雄鹰、小鸟和鱼儿看起来都自由自在，因为它们只关注自身的需求，关注自身的存在。

庄子说："鹪鹩巢于深林，不过一枝；偃鼠饮河，不过满腹。"鹪鹩在林中筑巢，只需要一根树枝就可以了；偃鼠在河中饮水，只需要填饱肚子就可以了。鹪鹩与偃鼠凭借着自然本性在林间自由自在地穿梭，它们虽然不能像大鹏鸟一样翱翔于广阔的天空，但它们也是自在、幸福的。

其次，自由的本质带有否定性。

哲学家阿多诺说："没有纯粹的绝对意义上的自由观念，自由意志是一个虚假的问题，自由意志存在的唯一意义在于它的否定性，在于它反思地否定各种具体的压抑。"自由存在于关系中，它不是一种肯定性的表述，它的本质是否定性的。小鸟从笼中飞出去，获得了自由，否定了鸟笼的束缚；大学生远离父母外出求学，否定了父母的约束。

"自由"这个词在出现伊始，发挥的就是否定的作用。英国哲学家约翰·洛克在《政府论》中提出了"人生而自由平等"的理念。但他并非独立地谈论自由，《政府论》带有为当时英国"光荣革命"的胜利以及新兴资产阶级掌权提供理论辩护的目的。洛克所提倡的"自由"，是以他为代表的新兴资产阶级对当时英国统治阶级的反抗和抵制。所以，他所谓的"自由"最多是对压抑、奴役、压迫的抵制和反抗，这种自由是相对的、具有否定性的。

而自在具有肯定性，自在关注的是内心的满足和愉悦，是对自我生存处境的感知。

再次，自由并不导向幸福，甚至会走向反面。

很多人把追求自由当成毕生的奋斗目标，甚至把自由看成一种与生俱来的权利。与其说这是一种不理智的行为，不如说这是一种对"不自由"的过度反应。这种感觉就像是一个从小吃不饱饭的人，把追求大吃大喝当成自己的人生目标一样。饥饿是一种异常的状态，我们没必要把饥饿的另外一个极端当成自己的奋斗目标。我们的目标应该仅仅是吃饱，不再忍饥挨饿，这才是一种自然的、自在的状态。

自由不是幸福的充分必要条件，甚至都谈不上是必要条件。对自由的过度强调和追求，会脱离它本来的作用，走向另外一个极端，那就是对欲望的满足。人很容易成为欲望的奴隶，而对欲望的追逐是永无止境的。对自由的向往很容易演变成对权力和欲望的追求，从而让人走向自由的反面，让追求自由成为不自由的最大原因。

一个穷怕了的人，突然有了一大笔钱，看起来实现了财富自由，但他在享受报复性消费所带来的快感的同时，也很容易陷入追逐财富的陷阱；一个地位低微的人，突然有了一点权力，往往会渴望更大的权力，对权力的追逐就会成为他不幸福的主要原因。金钱和权力能给人带来短暂的自由，能消除部分不自由的感觉，但它们不应该是你的最终目的。

最后，人不仅追求自由，也逃避自由。

哲学家弗洛姆在《逃避自由》中深刻剖析了"自由"这个概

念的由来，人一方面追求自由，一方面也逃避自由。因为人们害怕孤独。自由给现代人带来了独立和理性，但是也让他们失去了归属感和安全感，让他们感到深深的孤独和无能为力。于是，为了克服这种孤独感和无力感，他们就产生了臣服于某个权威的冲动，通过这样的方式来重新获得安全感和归属感，这就是"逃避自由"的心理机制。弗洛姆说，如果人性不能适应自由固有的危险和责任，那么他就可能选择逃避自由。

自由是人类永恒的话题，也是现代人追求的核心价值之一。但是弗洛姆提醒我们，自由并不是人类与生俱来的东西，而是在特殊的社会环境下产生的需求。从原始丛林到现代社会，人类和大自然在大部分历史中都保持着密切的联系，我们和大自然是共生的关系，大自然就像我们生存的母体。在我国古代的道家和儒家思想中，就有"天人合一，道法自然"的思想。

人类从大自然这个母体中逐渐脱离并实现个体化的过程，其实只是最近几百年才发生的。根据弗洛姆分析，从文艺复兴开始，西方人的人格发生了改变，自由的概念应运而生，而这个时期的自由，实际上是对封建思想和宗教权威的反抗。在哲学上颇具代表性的洛克被誉为"自由主义之父"，洛克认为，在自然状态下所有人都是平等而独立的，没有人有权力侵犯其他人的生命、自由或财产。洛克确立了自由是人与生俱来的权利，从文艺复兴、宗教改革，再到启蒙运动，西方人逐渐确立了理性、自由是现代人的本质特征之一。

弗洛姆认为，自由的概念是最近几百年才提出并被赋予了至高的地位，但在人类漫长的历史中，自由并不是核心话语，或者说自由并不是人类的核心诉求。但当人类的理性开始觉醒，自我意识增强，个体逐渐脱离于母体走向个体化，人类便切断了束缚，获得了自由。但是自由的代价就是牺牲了安全感和归属感，人会感觉到越来越孤独和无力。

个体化让人成为独立完整的个体，拥有了独立人格，个体化的进程也增强了自我力量，但个体化的另外一面是孤独的加深。弗洛姆用婴儿从母体分离并逐渐长大的过程进行了举例。母乳时期婴儿还没有切断和母亲的联系，这时小孩的安全感是很强的，但是到两三岁之后，小孩逐渐有了自我意识，开始有了"你"和"我"的区分，开始有了"我"和"爸爸妈妈"的区分。

一旦有了自我意识，小孩就开始渴望摆脱束缚，追求自由。随着年龄的增长，尤其到了青春期，小孩的自我意识达到了顶峰，这个时期他们强烈希望摆脱自己与父母的纽带关系，表现出追求自由和叛逆的性格特征。这一时期，小孩的精神层面也最容易出问题，因为伴随着个体化的确立，孤独感也在与日俱增。为了克服这种孤独感、无力感和焦虑感，他们又开始放弃个性的冲动，逐渐接纳和融入外部世界中。

个体化和自由给我们带来了两方面的影响，一方面让人摆脱束缚，拥有独立完整的人格，发展自己的力量。另外一方面让人失去了原有的归属感和安全感，孤独和无力感倍增。为了克服这种孤独感，人们又渴望逃离自由，以获得安全感。人的存在与自由始终密不可分，而这里的自由并不是积极的自由，而是为了摆脱束缚的消极自由。弗洛姆认为，人的自由程度与个体的成长是辩证统一关系，用今天的话说就是——**越长大越孤独**。

小结

这一章的主题是自由。自由是我们与生俱来的权利,也是我们无法摆脱的能力,那自由就意味着为所欲为吗?我们否定了这种自由观。自由是一个复杂的概念,它与权利、责任、理性、不自由、孤独等都相关。康德提出了基于理性的自由,以赛亚·伯林区分了消极自由和积极自由,阿多诺提出了否定性的自由,庄子提出了自在的自由,弗洛姆提出了自由与孤独。

自由的三个内涵

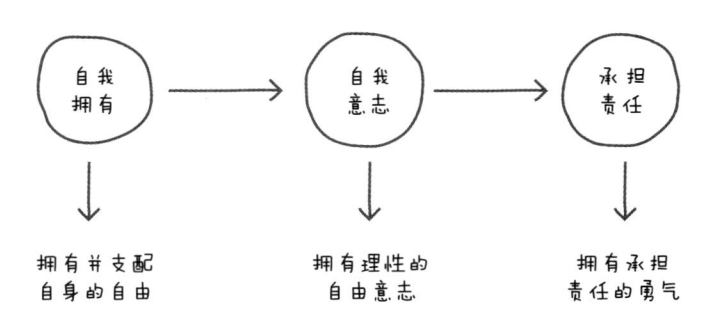

自我拥有 → 自我意志 → 承担责任

↓ 　　　　↓ 　　　　↓

拥有并支配　　拥有理性的　　拥有承担
自身的自由　　自由意志　　　责任的勇气

哲思启示录

* 自由看起来是一个积极的概念，但是经过本章内容的讨论，自由也是一个沉重的概念。自由并不意味着为所欲为，这是一种服从于本能的放纵，或是一种被欲望控制的不自由，所以，我们需要警惕对自由的无限追求，它可能是导致我们陷入不自由的原因。

* 自由的基础是理性，自由更多体现为意志的自由，我们可以做出基于自由意志的选择，人拥有自由意志也是人之为人的尊严。但同时我们也需要意识到，自由与责任是一体两面的，从某种程度上说，自由的边界是责任。我们可以做出自由的选择，但是我们必须为自己的自由选择承担相应的责任，这种责任不仅包括自由选择的结果，也包括追求自由过程中所产生的孤独感。

12

公平:这公平吗?

正义是社会制度的首要价值，就像真理是思想体系的首要价值。

——罗尔斯

公平正义是我们追求的"普世价值"，可什么是正义？正义意味着平均分配吗？正义意味着人人平等，尤其是机会平等吗？正义意味着幸福吗？正义意味着做符合道义的事情吗？正义与道德、理性、权力、幸福又有什么内在的关系呢？

人生是一场无限游戏

有一天晚饭吃得太饱，于是我和睿之下楼散步。我看到他有点不开心，就问他为什么。他抱怨说，因为他在这次足球比赛中拿了奖牌，但是球队中有几个没有上场的小朋友也同样拿了奖牌，还有一个小朋友因为比赛之前腿受伤了，几场比赛都没有来现场，也一样拿到了奖牌，所以他觉得这太不公平了。为什么他们在场上的小朋友这么拼命努力才获得了奖牌，而其他队友没有努力却获得了同样的奖牌？

他的抱怨让我突然意识到，他开始有了"公平"的概念。

应该怎么回应他这个关于"公平"的问题呢？我一时也没想好，于是我开启了苏格拉底式的反问。

我问他："你觉得什么是公平呢？"

他说："奖牌应该奖励给努力了的人，这样才是公平的。"

我说："好像亚里士多德也这么认为，他说正义就是给一个人他应得的东西。就像你说的，奖牌就应该给参与了比赛并且努力了的人,所以那些没有参加比赛,甚至都没有来现场的小朋友,就不应该得到奖牌。我觉得你的想法跟亚里士多德的说法很像。"

但是这显然不能安抚他。

我继续问:"你认为在比赛中,是公平重要,还是团队更重要呢?"

他还是坚持说:"公平更重要。"

眼看着没办法说服他,我换了一个思路。

我问他:"那些没有上场比赛的小朋友,是因为他们不想上场比赛吗?"

他说:"当然不是。"

我说:"如果我们换个位置,假如你很想上场比赛,但是教练没给你机会,你是什么心情?会不会很伤心?"

他说:"当然会。"

睿之小时候也作为替补球员参加过足球比赛,所以他很清楚作为替补坐冷板凳,没办法上场比赛的心情。

我继续问:"对于那些非常想上场比赛,但是没有机会上场比赛的小朋友,如果我们把奖牌作为一个补偿,抚慰他们失落的心情,你觉得可以吗?"

他说:"这样好像也可以。"

通过角色的切换,他没有之前那么执着了,那些没有上场比赛的小朋友也应该拿到奖牌,这好像也是公平的。

但问题还没有结束,我回到了一开始的问题。

我问他:"你为什么会认为,你在场上努力了就更应该拿到奖牌呢?是不是因为你觉得,你的努力和奖牌的关系更大,而那些没有上场的小朋友没有为奖牌付出努力？所以，你的努力是用奖牌或者说比赛结果来衡量的，对不对？"

他说："好像是的。"

我继续问："假如这不是一场比赛，只是一个游戏，而且是一个特别好玩的游戏，没有奖牌。不是每个人都有参与游戏的资格，而是非常幸运的小朋友才可以参加，那些没有选上的小朋友就只能看着别人玩。但是没有参加游戏的小朋友有一个小小福利，可以得到一颗棒棒糖作为补偿。这个时候你是选择吃一颗棒棒糖呢？还是要去参加游戏呢？"

睿之说："当然是参加游戏，谁想吃棒棒糖。"

我又问他："这个时候你会不会说，那些没有参加游戏的小朋友吃了棒棒糖，很不公平呢？"

他说："当然不会。"

我继续问："那你觉得，要不要给每个参加游戏的小朋友也奖励一颗棒棒糖呢？"

他说："可以呀。"

我说："不行。你想想，那些没有参加游戏的小朋友会怎么想？他们会想，你们参加了游戏，还拿到了和他们一样的棒棒糖，他们会不会觉得非常不公平？"

我说："那些没有参加游戏的小朋友肯定会跟老师投诉，这太不公平了。"

这个时候，睿之好像意识到了什么。

我继续说："你想一想，如果把棒棒糖换成奖牌，把比赛换成游戏，情况就完全不一样了。如果把足球比赛看成一场很好玩的游戏，那些没有机会参加游戏的小朋友，是不是更应该得到奖牌？而参加了游戏的小朋友，反而不应该得到奖牌，这样才是公平的，因为你们已经参加游戏了，为什么还有额外奖励呢？"

如果公平就是让一个人得到他应得的东西，那什么是应得的呢？选择不同的评价规则和标准，得出的结论就完全不一样。如果我们更看重比赛结果，那么为了结果而付出努力的人，就应该得到更多奖励；如果我们更看重体验，那么没有机会体验的人，就应该得到更多奖励，这才是公平的。

场上的小朋友更看重结果，而场下的小朋友更看重体验。于是，他们可能基于同一种公平原则，得出两个截然相反的结论。

我问他："那你觉得获得奖牌重要？还是参加比赛、享受比赛更重要？"

他想了想说："还是参加比赛、享受比赛更重要。"

经过这番讨论，小朋友没有再不开心了，反而觉得自己因为参加了比赛而有些庆幸。

公平和正义是很复杂的概念，而我之所以想到游戏的例子，也是因为之前读到一本书《有限与无限的游戏》。作者说："**世上至少有两种游戏。一种可称为有限游戏，另一种称为无限游戏。有限游戏以取胜为目的，而无限游戏以延续游戏为目的。**"

如果你追求的仅仅是目的，就很可能忽视体验的重要性。如果以追求结果为目的，反而会让结果的价值掩盖了过程的价值，我们就很容易忽视体验过程所带来的愉悦体验。狄尔泰说："生命是体验的总和，不是经验的集合。"我们其实也可以说："人生是体验的总和，而不是目的或者结果的集合。"

金钱与权利

有一次,一位粉丝在直播间提出了一个很好的问题。他说,有位十岁左右的小孩在课堂上捣乱,然后老师就让他回家,小孩反驳说:"我妈妈是交了钱的,你没有权利把我赶出教室。"后来,我问睿之,如果遇到这样的情况,老师应该怎么做呢?睿之说,当然可以把那位捣乱的同学赶出教室,因为每一个人都有权利听课,捣乱的同学影响了其他同学的权利。

从小我们每个人的班上貌似都有几个调皮的同学,他们上课不认真听讲,而且还影响同学。老师通常都是让他们暂时到后排站一会,严重点的也会将他们暂时请出教室,这好像没有什么问题。但是这位捣乱的同学拒绝出去,并且还提出了看起来逻辑自洽的理由。在这个问题中,我们看到了权利与义务、权利与金钱观念的冲突。

小孩的父母交了钱,他是否拥有不被老师赶出课堂的权利?当然,十岁左右的小孩应该还在接受义务教育,家长缴纳的一般是书本费,并不是老师的教学服务的费用。义务教育的费用是由教育系统或者说由纳税人和国家承担的,不过这是题外话了,这里我们暂且认为家长缴费和老师教学之间有一定关系,这样可能更接近小孩认为的情况。

所以小孩的逻辑是:我妈妈缴费了,我就拥有听课的权利,老师也就没有权利把我赶出教室。就像我买了一个玩具,我有权利和自由把玩具摔碎。但是权利不同于玩具,玩具的概念边界很清晰，是可以直观看到的，小孩完全可以区分我的玩具和别人的玩具。但是权利概念的边界就不那么清晰，小孩还不能准确区分我的权利和他人权利之间的边界，甚至成年人也未必清楚。

但是对抽象概念的理解是至关重要的。从小的方面说，对概念的理解会产生清晰的边界感；从大的方面说，边界感的树立是一个人成熟的标志。小孩两岁左右的时候有了"自我"的概念，知道了我和别人之间的区别，由此逐渐建立了自我意识。随着小孩的成长，他会不断树立各种边界感，能区分苹果和香蕉的不同，能区分爸爸妈妈和其他人的不同，也能区分"好的和不好的"这些伦理概念的边界。

一个人成长的过程也是不断树立边界感、树立独立人格的过程，所以对抽象概念的理解和把握是至关重要的。回到刚才的场景，小孩把金钱和权利进行了关联，由此确立了自己权利的边界，他认为缴费就有权利在教室听课，这是他对自我权利的理解，但是在社会环境中，权利的边界会相互影响。在课堂上捣乱显然影响了其他小朋友正常听课的权利，他们的权利同样值得被尊重。所以有了这个理解，他就会意识到自己的权利边界并没有想象中那么大。

就像我买了票进电影院，我也不能大声讲话打扰别人看电影一样。进一步思考，这是个人权利和公共秩序的冲突，当个人权利影响到了公共秩序，伤害了其他人的权利，就触碰到了权利的边界。所以，如果小孩捣乱影响了很多人听课，那么老师完全可以请小孩暂时出去冷静一下，至于是否有权利将他赶出学校，要看具体的情况而定，不过我想大概率这只是老师的一时气话。

接下来，我们谈一谈权利与义务。权利和义务是对应的概念，进一步想想，如果小孩捣乱并没有影响其他同学听课，仅仅是自己没有认真听讲，他就有权利捣乱吗？有权利就有义务，认真学习是小孩的义务。义务是由你的身份决定的，也是由你的权利所带来的。哲学家桑德尔把义务分为了三种：**自然义务**、**自愿义务**、**团结义务**。义务对应的是道德责任，没有尽到自己的义务，首先在道德上不具有正当性。

第一种是自然义务。作为在自然界存在的人，我们有一种普遍的、不需要征得人的同意的义务和责任，包括尊重他人的义务，做公正事情的义务，避免残忍的义务等。没有人会说"只有当我承诺过不杀你，我才有义务不杀你"，不伤害别人的义务是一种自然义务，这种义务不需要人同意。你作为人就默认了这种义务，其他动物就没有这种义务。所以，狮子随便捕杀羚羊就不用负道德责任。

第二种是自愿义务。这种义务需要征得人的同意。比如我同意你使用我的电脑，你才能使用我的电脑。相反，没有经过我同意使用我的东西是不道德的。这种义务是建立在一个独立的人在理性和自由的前提下做出的"同意"而产生的"义务"。相反，如果在威逼利诱的情况下让我同意借钱给你，这种同意是没有义务的。这是康德和罗尔斯"义务论"道德观的核心原则，道德是人之为人的尊严，是对独立自我的尊重和肯定。在这个场景下，小孩还不是一个独立的社会人，所以这个同意是他的监护人，也就是他的父母帮他做出的。他们把小孩送到学校，同意小孩拥有"学生"的身份，于是小孩就有了一种基于同意的义务，而这种义务就包括好好学习，认真听讲。

第三种是团结义务。这是桑德尔提出的一种特殊义务，这种义务有别于自然义务和自愿义务。比如你不需要同意，就有赡养父母的义务、保护亲人的义务、爱国的义务、维护某个共同体的责任和义务。

这是桑德尔提出的三种义务：自然义务、自愿义务和团结义务。我们再回到小孩在课堂上捣乱的话题，如果他伤害到了其他人，那么就违背了不伤害其他人的自然义务；如果没有认真听讲，就违背了作为学生应该认真学习的义务。

简单来说，权利让我们知道我们可以做什么，而义务告诉我们应该做什么。这其实都是在思维中树立我们做事的边界感，让我们知道什么是应该做的，什么是不应该做的；什么是有权利做的，什么是没有权利做的。权利对应的是法律责任，而义务对应的是道德责任。超越权利的边界会受到惩罚，甚至是法律的惩罚；同样，没有承担相应的义务会受到道德谴责，甚至是法律惩罚，比如没有赡养父母就是违法的。这是权利与义务的关系，我们不仅要看到权利，也要看到义务。

最后，我们再来探讨一个更严重的问题，那就是关于金钱和权利的关系。小孩可能没有搞清楚权利的边界，也没有意识到义务的责任，但他更严重的是搞错了金钱和权利的关系。很多小孩出现价值观的问题，他们很多时候把一件事等同于金钱关系，通过金钱去衡量一件事的所有价值，用金钱来确定是否应该做、是否有权利做。这可能导致他们认为有钱就可以为所欲为。

桑德尔在《金钱不能买什么？》中指出："在这个世界上，

很多东西是钱买不到的,只是时至今日,这样的东西没多少了。"

如今金钱的能力已经被无限放大,有钱不仅可以买房买车、购买奢侈的商品和 VIP 服务,还可以让一个并不优秀的学生进入顶尖大学。当一个社会认为有钱可以为所欲为的时候,不仅会危害社会的公平与正义,也会危害个体的尊严与自由。

这实际上是我们对金钱权力的滥用导致的,金钱最主要的应用场景是经济市场,而不包括社会公共领域和个人领域,比如家庭生活、教育、医疗、艺术和公民义务。这些领域会涉及道德问题和政治问题,而不仅仅是经济问题。如果我们把市场中基于金钱的价值观带入这些领域,会产生很多伦理和道德冲突。比如在家庭生活中,我们不能用金钱去衡量父母的爱;在个人领域,不能用金钱去衡量一个人的尊严;同样在公共医疗和教育领域,金钱不能成为唯一的衡量标准,学生不能将学校当成自由市场,用金钱去衡量自己和老师、家长与学校之间的关系,这是对金钱概念的滥用。

我们经常说一个人的"三观"很重要,不管是价值观、人生观还是世界观,其实都是我们大脑中的各种观念,以及由观念组成的观念网络。权利、义务、金钱、自由等观念是小孩"三观"的重要内容,如果从小没有树立起对这些观念的清晰认识和边界感,那么随着他们慢慢长大,"三观"可能就会逐渐扭曲变形。

怎么分蛋糕才公平？

罗尔斯说："正义是社会制度的首要价值，就像真理是思想体系的首要价值一样。"罗尔斯是西方著名的政治哲学家，他的《正义论》是西方哲学的经典，他指出正义是所有社会美德的最高美德。什么是正义？这是一个看似简单，但很难回答的问题。

在《正义论》里罗尔斯讲了著名的"分蛋糕"的故事。生日聚会上，大家一起吃蛋糕，怎么分配才公平？最简单的就是平均分配，一人一块，每个人都一样多。那怎么保障分配是平均的呢？最简单的方法就是让一个人来切蛋糕，并且他最后拿，这样他就会平均地切蛋糕。

在这个简单的例子中，我们看到了实现正义的两个特征：第一，确定"什么结果是正义"的独立标准，比如我们确立平均一人分一块的结果是正义的，这是一个在没有分之前就必须要确立下来的标准；第二，保证达到预期结果的程序，比如我们让一个人来切蛋糕，并且他最后一个拿，这样的程序就能确保他均匀切蛋糕。

但切蛋糕的标准存在很多情况，比如有的人胃口大，有的人胃口小，人均一份的标准可能不是最好的；再比如，寿星可能要求自己得到更多蛋糕，或者年长的人得到更多蛋糕，或者不喜欢吃甜食的人应该分得更少蛋糕等。总之，仅仅是分蛋糕的公平的标准都非常难以确定，更何况在社会制度中，涉及就业、医疗和教育资源的分配问题时情况会更加复杂。正如罗尔斯说的，完善的程序正义不是不可能，而是非常罕见的。

那有没有一种相对公平的解决方案呢？罗尔斯提出了著名的"无知之幕"，说的是你在制定社会制度和策略之前，假设自己站到了一块"无知之幕"的幕布后面，你看不见自己，也不知道自己的阶层、性别、种族、政治观点或者宗教信仰，也不知道自己的优缺点、健康或是残疾、接受过高等教育或是中途辍学、出生在一个完整和谐或是支离破碎的家庭等。而且，你也不知道自己的善恶观、价值观、对生活的追求，你只知道自己确定拥有这些观念，并且认为这些观念是值得追求的。

罗尔斯之所以要这么设计无知之幕，目的是防止正义原则的选择受到自然和社会环境的偶然性影响。换句话说，无知之幕保证了人们在绝对平等公正的条件下选择正义原则。罗尔斯说，这是一种原初的平等状态，这个时候每个人站到无知之幕后面，大家处于绝对平等的位置。作为一个理性、追求自我利益的人，如果发现自己处于这样一种状态，会选择怎样的原则呢？

首先，我们不会选择功利主义，功利主义追求幸福最大化，万一自己是受压迫的少数群体成员，那就惨了。比如我们不太可能支持"残疾人不能就业"，也不太可能同意"富人拥有特权"，因为在无知之幕背后，我们可能是弱势群体。

其次，我们也不会选择一种纯粹放任主义和完全自由主义的原则，因为你有可能是一位需要被救助的流浪汉，需要政府或组织提供基本的生活保障。总之，罗尔斯认为在无知之幕的背后，我们忘记了自己的身份、地位和一切主观的属性，这时站到完全中立的位置做出的决策，才是真正公平的。

基于无知之幕的思想实验，罗尔斯给出了实现社会公平正义的两个关键原则：第一条是"平等的自由"原则，每个人都是站到完全平等的起跑线上，平等且自由地做出选择，不受任何先天条件的限制和约束；第二条是默认的选项应当完全平均分配。

但我们接着想，我们可以做得更好，所以，假如我们允许一些不平均的话，罗尔斯认为也需要满足两个限制条件。第一个限制条件是"公平的机会平等"，比如我们赞成医生和律师应该拿更高的薪水，那么每个人都应该有平等的机会去竞争。再比如重点学校应该有更优质的教育资源，那么每个人都拥有平等的机会去竞争这些重点学校的入学资格。第二个限制条件是"差异原则"，就是说制度可能无法做到绝对公平，但是至少这种不公平可以让处境最差的人有改善的机会。也就是这种不平等的分配能够使最弱势的群体得到改善，否则这种不平等在道德上就是不可接受的。这是一种对无法做到绝对公平的补救办法，比如让富人多交税，用这些税收来创造社会福利、帮助弱势群体等。

总的来说，罗尔斯通过无知之幕的思想实验，给我们提供了一个实现社会公平正义的思路。其中包含两条原则：第一条原则是保障平等的基本自由；第二条原则是，如果第一条原则无法得到绝对满足，那么不平等的分配也要满足两个限制条件，一是要保证公平的机会平等，二是要满足差异原则，保护最弱势群体。

不学问,无正义

柏拉图在《理想国》中讨论了正义的话题,柏拉图提出正义是理想城邦的首要价值,因为它保障了城邦的井然有序,让所有人获得了幸福。两千多年后,西方著名的政治哲学家罗尔斯在《正义论》中说:"正义是社会制度的首要价值,正如真理是思想体系的首要价值一样。"

在我国古代,关于"正义"问题讨论最多的是思想家荀子。荀子说:"不学问,无正义,以富利为隆,是俗人者也。"一个不学不问、不讲正义、以获得财富私利为最高目的的人,就是庸俗的人。荀子说:"正利而为谓之事,正义而为谓之行。"为了利益去做事称为事业,为了正义去做事称为德行。

荀子还说:"君子崇人之德,扬人之美,非谄谀也;正义直指,举人之过,非毁疵也;言己之光美,拟于舜、禹,参于天地,非夸诞也。"荀子的意思是说,君子尊崇别人的道德,弘扬他人的美德,这不是谄媚;匡正正义,勇于指出他人的过失,这不是毁谤。说自己的道德高尚,能够和舜、禹相比,和天地并列,这不是过分夸大。

在荀子这里,正义有三个内涵:首先,正义是一种君子人格,是否拥有正义,是区分俗人和君子的关键。其次,正义和过失是相对的概念,正义代表着做正确的事。最后,正义和正利是相对的概念,一个追求利益,一个追求德行。正利合乎理性和利益,而正义合乎道德和德行。总之,在荀子看来,正义是一种高贵的人格品质，是一种实践，也是一种德行。

荀子强调"正义"，其核心是"义"，在我国古代思想中"义"的内涵非常丰富，"义"有道义、正义的意思，也有公平、公正、正确的意思，而且是在实践中所展现出的一种德行。孟子说："仁，人之安宅也；义，人之正路也。"做正义的事就是我们应该走的正路，那"义"是从哪里来的呢？在孟子看来，"义"源自人天然的道德直觉，这就是孟子的"四端说"，孟子说："恻隐之心，仁之端也；羞恶之心，义之端也。"

羞恶之心是"义"这种德行的发端，我们做了不义的事情，做了错事，会本能地感到羞愧。当小朋友意识到自己犯错了，他会表现出有点羞愧，这就是"羞恶之心，义之端也"，羞恶之心就是"义"这种道德品质的来源。孟子认为，它是一种天然的道德直觉，如同人有恻隐之心、同情心一般，人都有羞恶之心，做了不仁不义的事情，都会本能地觉得羞愧。这是儒家思想家孟子和荀子关于"正义"的讨论。

总之，在儒家思想中，"正义"的核心是"义"，而"义"有丰富的内涵，如道义、公平、正义、公正、正确等。"义"源自人天然的道德直觉，但是在孟子和荀子的"正义观"中有一个基本的假设，那就是每个人都有善良和仁爱之情。而在西方哲学对于"正义"的讨论中，则去掉了这个假设。罗尔斯的"正义论"就是一个典型，罗尔斯的"正义观"中加入了"平等和自由"的内涵，同时去掉了人人都具有"仁爱和善良"的本能这一至关重要的前提。

在《正义论》中，罗尔斯采用著名的"无知之幕"的思想实验论证了"正义"的两条原则。罗尔斯认为,"无知之幕 + 相互冷淡"的假设要胜过"仁爱 + 知识"的假设。正如孟子认为,人都有善良仁爱的本性,所以能发展出"仁义礼智"的四种道德品质。但是罗尔斯去掉了这个假设,他认为"无知之幕"的假设更加简洁合理,因为无知之幕是一种弱条件的假设,而仁爱和善良本身其实就已经假设了道德是存在的。同时,这样的假设条件和要求太高,所以罗尔斯用"无知之幕"的思想实验去掉或者弱化了这种强假设。这其实也是东西方伦理道德观念的典型区别,西方比较强调理性的道德观,一种纯粹基于思辨的正义原则;而我们更强调本能的道德观,一种基于本能和实践的正义原则。

在西方哲学中,正义在不同哲学家那里常常有截然不同的内涵,黑格尔认为理性即正义。现实的正义不过是理性的正义的自我实现,正义的现实性存在于正义的必然性中。而康德在"正义"中加入了理性和自由的内涵,康德认为,正义不同于一般的道德原则,仅仅决定个人意志的内在根据,而应该调节或者规范不同人根据他们的自由意志的选择之间的关系。

康德认为,正义的原则是:根据一条普遍的法则,你们应该以这种方式外在的行为,即你的意志的、自由的行动应该能够与其他人的正义自由相并存。在康德看来,正义不是一般的个人道德,而是一种社会伦理,正义的原则在于调节和规范不同的人外在的自由的关系,并且让他们的自由行为能够与他人相并存或者相一致,在不妨碍他人自由的前提下做出正确的事。

与黑格尔和康德不同,很多哲学家赋予了"正义"更丰富的内涵,比如权力、利益、幸福等。哲学家帕斯卡说:"没有权力的正义是无力的，没有正义的权力就是暴政。"没有权力的正义会遭到否定，冒犯者会层出不穷，没有正义的权力则是邪恶的。所以，我们必须联合正义与权力，使权力变得正义，或者让正义拥有权力。

"正义"的概念是尼采哲学的核心，尼采认为，正义首先并不是强权，而是权力与权力之间的匹配程度，正义就是以几乎相同的权力状况为前提的补偿与交换。尼采还区分了不同的正义，如动物的正义、人的正义和超人的正义。尼采认为，人本质而言是不正义的，人能够实现的最高正义是"让相同者相同，让不相同者不相同"。只有超越人，克服人的个体性、自私性和有限性，才能够真正实现正义。

关于正义的思考，西方哲学更关注其理性的价值，而东方哲学更关注情感和实践的意义。正义究竟是什么？至今并没有一个公认的、统一的结论。正义并不是一个简单的概念，虽然它看起来很简单，就是做正确的事情，但其实并不简单，因为关于"正确"有非常多的标准和视角。正确的标准是什么？正确就等于好吗？是一个人好，还是所有人好？或许每个人心中都有自己关于正义的答案。

小结

这一章的主题是公平与正义。在这一章中，我们通过一件小事引出对公平正义的讨论，也讨论了权利与金钱、权利与义务之间的关系。权利有它的边界，那就是不能伤害他人的权利；金钱也有边界，不要让金钱的观念侵入我们的私人生活领域和公共生活领域，这也是导致当今社会功利化、利益至上的重要原因。

正义是什么？

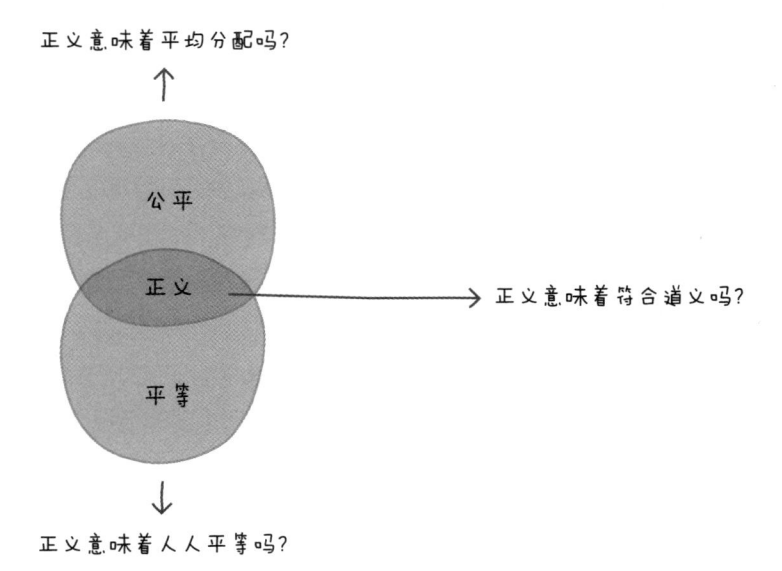

正义意味着平均分配吗？
↑

公平

正义 ——→ 正义意味着符合道义吗？

平等

↓
正义意味着人人平等吗？

哲思启示录

* 我们对很多习以为常的观念的理解并不深刻，甚至是模糊的，比如正义、自由、公平、道义等。到底什么是正义？我们并没有得出一个确定的答案。

* 正义包括理性的因素，也包括情感的因素，正义有公平、自由、平等的理念，也有良知、共情、怜悯等情感。但不管怎样，我们追求正义的目的是追求良善的生活。

* 正如柏拉图所说，在所有的理念中"善"的理念是最高的，正义、真、美都是指向善的理念。

13

命运：努力了还是没做好怎么办？

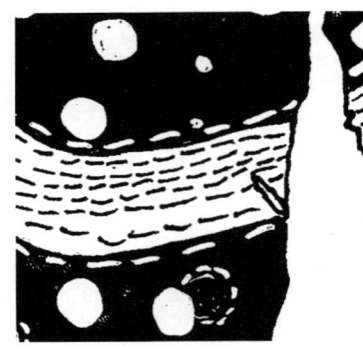

你拥有的，不一定就是你应得的。

——马克斯·韦伯

三分天注定，七分靠打拼。命运是什么？我们都知道在生命中有很多我们无法掌控的东西，但是我们也坚定地认为努力可以改变命运，这两种观念冲突吗？其实不然。当我们理解和接纳了命运中的随机性和不确定性，专注于自身可以改变的部分，我们对自己的命运就会多了一份掌控感，甚至获得了更高的自由。正如我们意识到努力不一定导致好的结果，反而让努力变得更加有意义，就像孔子所说："知其不可而为之。"

努力和结果哪个更重要？

睿之每次期末考试前，都会担心考不好。我问他平时上课努力了吗？他说平时都努力了，但是如果考试还没考好怎么办？在他的言语中，他在用考试结果衡量自己努力的重要性，言外之意是说，如果结果不好，努力就白费了。其实成年人也会有这样的惯性思维，用结果去衡量一件事的成败甚至是所有价值。

我们经常听到别人说："要向拿到结果的人学习。"这句话听上去感觉很有吸引力，也很有煽动性，但我们要谨慎对待这种具有煽动性的观点。姑且不说他们忽视了随机性或者运气在结果中的作用，也夸大了自身努力、特定方法和技巧在结果中的重要性。更重要的是，这种观点模糊了事实上的"拥有"和道德上的"应得"之间的区别，也错误地引导了我们的价值取向，其实是非常危险的。

首先，我们并不否认努力本身的价值，恰恰相反，我们鼓励努力本身的价值。其次，我们要谨慎对待努力和成功、努力和好的结果之间的因果关系，因为这里面可能有两个关键性的暗示：第一是这种说法让我们忽视或者弱化了努力本身的价值，因为它把我们的关注点引导到了"获得结果"上。换句话说，"向拿到结果的人学习"这种说法意味着我们应该关注结果，结果才是最重要的，而努力只是获得结果的手段，反过来说，无法得到好的结果的努力是没有价值的。

相较于第一个暗示，第二个暗示更隐蔽也更危险。"向拿到了结果的人学习"，其实还暗示了有结果的人更值得社会尊重，具有某种道德优越感和道德上的正当性，他们更值得成为我们学习的对象，而那些没有结果的人是不值得我们学习的。这种暗示会让结果、成功、道德进行了关联，是一种道德取向和价值误导，它会进一步让我们忽视和否定自身努力的价值，很多人因为暂时没有获得所谓的成功而陷入自我否定，甚至在道德上都无法接受自我。

而这种思想的背后，其实涉及社会的价值观和道德观问题，我们是应该赞扬和奖励那些更有结果的人，还是应该赞扬和鼓励那些可能没有结果，但依然非常努力的人？在"向有结果的人学习"这种观点中，我们选择了前者而弱化了后者。我们更进一步追问，为什么不能只赞扬有结果的人呢？因为，**事实上的"结果"和道德上的"应得"并不是一回事**。

假设有两个销售人员竞争销售冠军，第一个人非常努力，天天加班熬夜，工作也是兢兢业业；而另外一个人，仅仅凭借着家人的人脉关系，轻松拿到了朋友企业的大单，成为销售冠军。结果上的好，和道德上的正当性，常常不是一回事，而我们习惯性地把它们画上等号。我们一方面赞扬积极努力的个人品质，另一方面却在事实上忽视努力本身的价值，而赞扬结果的重要性。

一个人事实的"结果"或者"拥有"很大程度上是由外在于自身的"努力"而获得的，哲学家桑德尔在《精英的傲慢》中引用罗尔斯的观点说：导致我们"拥有"的，很大程度上是"运气"，天生禀赋、家庭环境、社会环境、时代机遇，这些都是外在于我们自身努力的，但是它们对一个人的成功，或者说一个人所拥有的结果是至关重要的，甚至是决定性的。

从道德的正当性上讲，应该鼓励通过自身努力而拥有的东西，这才是"应得"的，而不是凭借天赋和机遇等外在于自我努力而"拥有"的东西。拥有和应得、努力和结果之间并不相同。如果仅仅对比学生的数量，孔子一生的学生数量可能还不如一个自媒体博主的粉丝多，但孔孟、老庄等古代圣贤们之所以伟大，恰恰不在于他们取得了多大的成就和多好的结果，而在于他们高贵的道德品质。一个社会鼓励什么、赞扬什么，不仅仅是一种价值取向，也是一种道德取向。我们需要谨慎赋予任何结果以道德价值。

而在另外一方面，那些世俗意义上成功的人、拿到结果的人，往往高估了自身努力在成功中的作用。不仅如此，他们还希望为他们的成功争取某种道德上的正当性。马克斯·韦伯说："**幸运的人很少对自己拥有好运的事实感到满足，除此之外，他还想确认他有权利获得自己的好运。最重要的是，他想要确认，与其他人相比，他更配得上这份好运。他还想要确认，不那么幸运的人所经历的不幸，都只是他们自己应得的。**"

一个人的性别、出生地、身体条件、天赋智力、家庭背景和时代机遇等统称为"运气",其实和我们自身没什么关系,尤其是跟我们自身的努力和付出更没有太多关系,但是它们却在很大程度上决定了你拥有什么样的父母、获得什么样的教育资源、进入什么样的大学、拥有多少失败的机会,也决定了你和什么人在竞争、拥有什么样的朋友等。

有的人天生沉稳专注,有坚强的意志;有的人天性活泼好动,具有发散性思维。这些禀赋并没有道德上的高低优劣之分,但是否能完全发挥你的天赋,很大程度上是由你的家庭环境、社会环境和时代背景决定的,社会鼓励和需要什么样的品质,并不由你决定。一个很擅长打乒乓球的人,出生在巴西和阿根廷,便很可能因为自己不擅长足球而碌碌无为、自我抱怨。

甚至在同样的家庭环境、差不多的家庭教育方式下,两个孩子的学习表现可能天差地别,原因或许只是老师更喜欢其中一个小孩,给予了更多的鼓励。我们不否认后天努力的重要性,正好相反,我想强调的正是努力本身的价值,而不是结果的价值。因为从根本上说,结果具有很大的随机性,而努力本身才值得鼓励,它才真正具有道德价值。不要因为努力没有结果,而否定自身的努力,也不要因为自己拿到了好结果,就感到某种道德上的优越感。正如桑德尔所说,唯有意识到运气在生活中的作用,我们才能变得更加谦卑。这才是我们这个社会需要的精神和品质,我们要理解,事实上的"拥有"不能简单等同于道德上的"应得"。

所以,不一定要向有结果的人学习,成为一个保持努力的人更重要。我们更应该赞扬那些默默努力,但暂时还没有成功的人。因为努力是自己的选择,而结果不是。

我们赞扬的永远是努力本身,而不是一个带有强烈随机性的结果。努力的价值远远大于结果,努力本身正是我们人生意义的源泉。

你拥有的不一定就是应得的

如果现在有一把最好的笛子,要分给一个乐队里的某个人,谁最应该得到这把笛子呢?有人说,应该给最需要的人;有人说,应该给最想要得到这把笛子的人;也有人说,应该给这个乐队里吹得最差的人,这样可以补齐短板,提升整体水平。但是亚里士多德认为,最好的笛子当然应该给演奏水平最高的人,这才是这把笛子最好的归宿,这才是最符合公平和正义的。"分笛子"的故事也代表了亚里士多德的正义观,简单来说就是"得其应得",每件事物都有其最应得的归宿,每个人都应该得到他应得的奖励,这样的社会才是最公平和正义的。

亚里士多德的愿望是美好的,这种观点也很符合我们的直觉,但是这种原则是存在缺陷的。我们假设那个最会吹笛子的人或许并不是最努力的人,而有一个最努力的人天天练习吹笛子,但因为自己的天赋确实很差,所以他就不能得到那把笛子,这样看来好像又有点残忍。在这个分笛子的故事里,其实涉及了一个重要的伦理道德问题,简单来说就是我们应该奖励贡献还是奖励努力,或者说应该按照贡献来分配还是按照努力来分配。把笛子奖励给最会吹笛子的人，是奖励贡献；而把笛子分配给那个最努力的人，是奖励努力。

那是应该奖励贡献，还是应该奖励努力？虽然努力是一种非常可贵的品质，但是当今我们社会大部分的分配机制并不奖励努力，而是奖励贡献或者结果，这可能是我们很多人面临的困惑。一方面，我们鼓励大家努力，但实际上大家的奖励的确是贡献和结果。比如公司奖金一定是按照贡献来分配的，不是按照加班或者努力程度来分配的。

那奖励贡献有什么问题呢？贡献一部分来自自身的努力，更重要的是天赋的加持，这里的天赋也包括机遇以及那些我们自身努力之外的东西。相较于自身的努力，一个人的贡献很大程度上取决于天赋。科比和乔丹具有惊人的篮球天赋，市场和社会对这种天赋有需求，所以他们获得了巨大的成就和财富。我们认为这是他们应得的，一部分原因是他自身的勤奋和努力，但实际上，比他们努力的大有人在。在这种分配机制背后，更重要的是我们承认了天赋是他们与生俱来的，是他们完全拥有和占有的，也是他们应得的。

分笛子是一件小事，但是如果我们把这种分配原则扩展到公共资源、社会利益的分配，就会面临很多挑战。大公司的高管、顶尖的运动员、网红明星，他们拥有巨大的影响力和财富，这些东西是市场自由交易的结果，也是他们自身努力和天赋共同的结果，如果不涉及非法收入，那么他们似乎就是这些财富的拥有者，他们完全有自由支配的权利。

以诺齐克为代表的自由至上主义者认为，我们对自我有完全的所有权，我们拥有自身，包括生命、天赋、机遇，当然也包括在此基础上通过自身努力而获得的名誉、地位和财富，我们拥有它们并且对它们拥有自由支配的权利。

诺齐克提出了著名的"资格理论"，他指出，如果在分配中没有一个人的资格或者权利遭到侵犯的话，那么这个分配就是正义的。一个人的天赋虽然具有随机性，但是这种随机性已经降临到他身上，他就有资格拥有自己的天赋和机遇，这是他"自身"的一部分，就像一个人拥有美貌和智慧一样。他拥有自身，就意味着拥有自身的天赋。如果有人要侵犯这种天赋，就类似于否定了我拥有自身的权利，这在道德上是不正当的。

天赋和机遇对一个人的影响至关重要，甚至是决定性的，很少有人会否定这一点。但是拥有就等同于应得吗？罗尔斯提出了疑问，他说："**没有一个人应得他在自然天赋分配中的地位，正如没有一个人应得他在社会中的初始地位一样。**"

罗尔斯指出，天赋具有任意性，拥有和应得之间并不等同，我们并非天赋的真正拥有者，天赋只是存在于我们身上的才能和能力，我们只是它们的看护者或者贮藏所。罗尔斯说，那些具有天赋的人不能仅仅因为他们获得更多的天资就获利，他们只能用它们来支付自己的训练和教育费用，同时利用天赋帮助那些运气欠佳的人。没有人应该依靠更优越的天赋能力或者优点在社会中获得更有利的起点。

关于如何分配社会利益和经济利益，罗尔斯考察了三种分配原则，一种是按照诺齐克提出的"天赋自由"，也就是"资格理论"；

一种是机会平等原则，类似于一种标准的精英统治；第三种是民主平等原则，也就是罗尔斯提出的"差异原则"。

第一种是诺齐克的天赋自由的原则，承认天赋完全属于自身，但是罗尔斯认为，这个原则是不充分的，因为这种方式简单地复制了原初的才能和财产的分配。而那些资产更多的人，最终也会获得更多的分配。如果要让分配实现公平，那么原始的天赋也要公平分配，但这是无法实现的。相较于诺齐克把天赋看成私人占有，罗尔斯更倾向于把天赋和社会机遇看成一种社会共同资源。

第二种是机会平等原则，这种原则是对天赋不公平的修正，可以校正社会和文化的不利条件，让所有人都有机会站到同一起跑线上。比如通过提供平等的教育机会、合理地再分配政策和其他社会改革，来改善因为天赋所造成的不平等，这种原则的最终目的是提供"平等的起点"。我们常说"不要输在起跑线上"，就是希望在一个相对公平的基础上展开社会资源的竞争。但这种原则也有很大的缺陷，因为一个人的天赋和与生俱来的社会资源等是很难得到修正的。

第三种是罗尔斯提出的"差异原则"，罗尔斯的方法不是根除不平等的天赋，而是对利益和责任的方案进行安排，使得地位最不利的社会成员也有可能分摊到幸运的资源，它的作用是保护最弱势群体的根本利益。差异原则并不追求纯粹的"平均的结果"，而是在承认差异的前提下按照民主平等的原则去再分配，而不管结果是否平均。在这种原则的背后，罗尔斯实际上是把天赋才能的分配看成一种公共资源，这和诺齐克把天赋才能看成私有资源是完全不同的。

"天赋运气是不是一个人应得的?"这是一个有争议的伦理道德问题,但正如哲学家桑德尔所说:"**意识到运气在生活中的作用,会让我们变得谦卑。这种谦卑的精神就是我们现在需要的公民美德。**"

如何看待命运?

中国人很看重命运,有一些宿命论的观点认为一个人的命运是上天注定的,命运是无法改变的。如果命运是注定的,那我们为什么还需要努力呢?于是,很多人就心安理得地躺平了。

孔子说:"吾十有五而志于学,三十而立,四十而不惑,五十而知天命,六十而耳顺,七十而从心所欲不逾矩。"

庄子说:"知其不可奈何而安之若命,德之至矣。"

很多人把"知命"理解为"认命",但"知命"和"认命"截然不同,"知天命"并不是一种认命的消极思想,而是一种在"知"和"行"的基础上的真正意义的自我实现。如果五十岁就认命了,那孔子就不会在五十五岁时,还要带领一众学生花十四年时间周游列国,传播他的思想和治国理念,六十八岁才回到鲁国。孔子周游列国行程数千公里,历经艰难险阻,四处碰壁,却依然坚定信念,毫不动摇。孔子在陈国被人围困,在卫国被人嫌弃,在宋国被人陷害,在郑国与弟子失散,多次都差点饿死荒野,但依然没有放弃自己的理想，"知天命"绝不是一种消极人生观，而是一种在"知天命"基础上的积极人生观。

知命但不认命是一种智慧，列子的《列子·力命》中就论述了努力和天命的关系，列子虚构了两个人物：人力和天命。

人力对天命说："你的功劳能跟我比吗？"

天命说："你为人间万物做了多少贡献？竟然和我比起功劳来了。"

人力说："人间万物的长寿与夭折、困苦和显达、高贵和低贱、贫困和富有，这些都是用我的能力所控制的。"

天命说："彭祖的才智不及尧、舜，却活了八百多年；颜渊才智出众高于常人，却只活到三十二岁就死了；孔子的仁德不在诸国诸侯之下，却被围困于陈国、蔡国之间；纣王昏庸无道，品德心性远不及微子、箕子和比干，却是万人之上的君王；伯夷、叔齐空有一身节气，却饿死在首阳山；狡诈的季氏却比老实的柳下惠更加富有。如果这些都是你的力量所能控制的，为什么不该长寿者反而长寿，而应该长寿的却早早死去了呢？圣人生活困苦而逆贼却达官显贵，贤者地位低贱，愚昧之人却高居上位，善人一生贫穷，恶人却非常富有呢？"

人力说："照你这样说，如果我对人间万物并没有功劳，那么人间万物都是由你主宰成这样的吗？"

天命说："既然称之为'天命'，为何一定要由谁来控制主宰呢？我只是让事物顺其自然发展，推进合理的，放任不合理的。人间万物是长寿还是夭折，困苦还是显达，高贵还是低贱，富足还是贫穷，我怎么能知道这是为什么呢？"

列子故事中的"人力"就是一个人的努力，或者说一个人可以掌控和改变的东西，而"天命"也就是天道。人力所能掌控和改变的东西有限，就连我们自身的旦夕祸福都无法掌控，而天道是无限与不可知的，当然也是人力所不可及的。

道家思想认为，天地万物并不存在一个主宰者，《庄子·天运》中说："天其运乎？地其处乎？日月其争于所乎？"天地万物自然运行，并没有什么主宰，也并没有人维系着，但依然运行良好，生生不息。人并不是万物的灵长，也不是宇宙的主宰。

列子说："生生死死，非物非我，皆命也。"

不管是生存还是灭亡，都不由个人意愿和外界力量掌控，这些都是天道运行的自然结果，人的智慧并不起什么作用。天道没有边界，它自然运行着，老子说"天道无亲，常与善人"，天道不会偏私任何人，但常常帮助那些符合和顺应天道的人。

天道不以人的意志为转移，那我们的努力还有用吗？或者说还需要努力吗？其实列子和老子要表达的是天道的必然性，以及我们对天道的无知，一旦意识到这种必然性，我们才能获得真正意义上的自由，我们的努力才更有价值。所以，问题不在于努力和命运哪一个重要，而在于我们要在知命的基础上努力。

"知天命"告诉我们，一方面，我们要意识到自身的局限性，意识到我们对天道的客观无知，这样才能更好地接受命运的无常，承认现实的不确定性。另一方面，当我们能清醒地认识到这种必然性后，才知道自己真正能掌控的东西、真正努力的方向、真正的人生使命。

庄子说："知天之所为，知人之所为者，至矣。"知命并不是认命，认命意味着我们认为一切都是命中注定的，是不可更改的，但知命恰恰相反，知命是看到了命运的不确定性，看到了命运的可能性。所以，在知命的基础上，我们才能更好地努力，把自己的时间和精力用到真正有意义的地方。知命并不是放弃努力的理由和借口，而是创造有意义人生的起点。正如罗曼·罗兰说的："**世界上只有一种英雄主义，那就是看透了生活的本质之后，还依然热爱生活。**"

小结

这一章的主题是命运。命与运是不同的概念，我们是自己生命的主宰，知命而不认命是一种积极的人生态度，因为积极努力是我们的主动选择。当今社会的普遍价值观是"向有结果的人学习"，从功利的角度看似合理，但这种思维中存在一些谬误，为此，我们把结果与能力、结果与道德进行了关联分析。

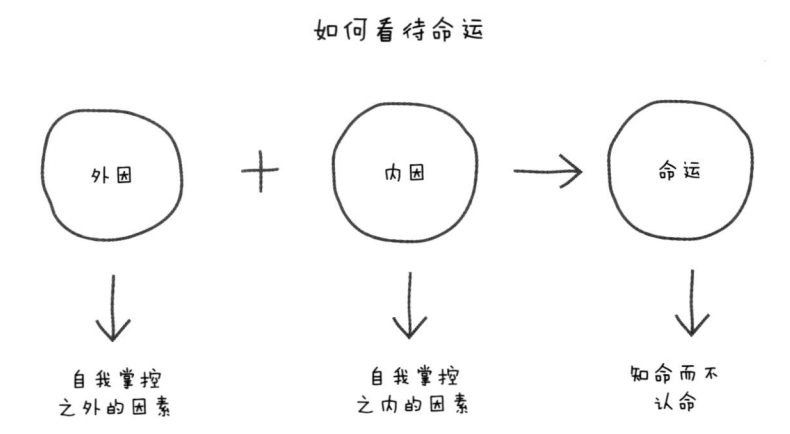

如何看待命运

外因 ＋ 内因 → 命运

↓ ↓ ↓

自我掌控之外的因素　　自我掌控之内的因素　　知命而不认命

哲思启示录

* 努力与结果、能力与结果之间并不存在直接的因果关系，现实世界的随机性往往才是最大的影响因素。所以，我们需要更理性地看待它们之间的关系，不要简单地因为结果上的好坏而否定努力的价值。努力是一种主动选择，而结果不是。

* 我们要赞扬那些为了生命而积极努力的人，虽然他们可能并不是幸运者，但正因如此他们的努力才更有价值。正确看待我们的命运，生命中有很多我们无法掌控的机遇和运气，但是我们并不能因此而放弃积极的人生。相反，我们应该关注生命中那些可以掌控的部分，接受不可改变的，改变可以改变的，这才是一种积极的人生态度。

14

意义：你为什么要工作？

人是寻求意义的动物。

　　——柏拉图

　　其他动物只追求本能需求的满足，而人会追求需求之外的东西，也就是意义，或者说追求意义感是人的一种本能。我们很多人都在问，读书的意义是什么？结婚的意义是什么？工作的意义是什么？人生的意义是什么？我们应该如何思考和回答这些问题？

工作的意义就是挣钱吗？

有段时间我工作忙，经常出差，所以陪睿之的时间比较少。有一天本来答应做完作业就带他下去踢球，但因为我还没有做完工作，就食言了。

他有点生气地问我："爸爸，你为什么要工作？"

他要表达的可能是，你为什么要天天工作，也不陪我出去玩。

我说："努力赚钱，给你更好的生活呀！"

但是，我回头一想，多花一点时间陪他不就是给他更好的生活吗？我突然有点愣住，我想到了一个寓言故事。

有一天一位富翁在海边散步，看见一位渔夫悠闲地躺在沙滩上晒太阳。

于是富翁问他："你为什么不出海多打几船鱼呢？"

渔夫懒懒地问道："我为什么要多打几船鱼呢？"

富翁说："你每天多打些鱼拿到市场上去卖，就能挣更多的钱啊。"

渔夫问："我挣更多的钱干什么呢？"

富翁说："你挣更多的钱，就可以在海边盖间大屋子，然后躺在沙滩上晒太阳了啊。"

渔夫说道："可我现在不正在沙滩上晒太阳吗？"

父母努力赚钱是为了给小孩更好的生活，但对小孩来说有父母陪伴才是更好的生活。很多目标不需要钱就能达到，但是我们却习惯性用钱去解决，这背后其实体现了我们的思维惯性。

如果问你，为什么要工作？你可能觉得这个问题的答案显而易见，当然是为了钱。

但是，如果我们问："你为什么认为工作是为了钱呢？"第二个问题可能不是那么好回答了。心理学家巴里·施瓦茨写过一本书《你为什么而工作》，他在其中就深入探讨了这个问题。

"为了钱而工作"这个思维很正常，而且似乎每个人都这样认为。一项长达 20 多年对 189 个国家的 2500 万名员工的调查数据显示，有 90% 的人认为工作更多时候带给他们的是沮丧和挫败，而不是光荣和梦想。而他们还愿意在这样的情况下继续工作的原因只有一个，那就是为了工资或者说钱。这是一个残酷的现实，甚至是非常顺理成章的事实，我们付出劳动换来薪水，哪怕做自己非常不喜欢的工作，钱也可以让我们心理平衡，找到继续工作的动力。

但大部分人并没有意识到，这只是一种惯性思维，我们并没有质疑它的正确性和背后的原因。我们思维中什么时候种下了这样的种子：工作就是为了钱，就是痛苦的，它只是我们谋生的手段而已，我们没有必要在工作中去寻找幸福感和满足感，甚至是人生的意义。这种思维是如何产生的呢？

要想理解这个问题，就要回到经济学之父亚当·斯密的名著《国富论》中来探讨。在亚当·斯密构建的市场经济体系中，人是理性的，也是自私自利的，这就是经济学中的"理性经济人假设"。亚当·斯密对市场经济中的人的行为有几个默认的假设：

第一个假设是人都是自私且理性的，好逸恶劳是每个人的天性。他说："想过尽可能舒适的生活是每个人的天性，如果一个人从事某项繁重工作和他不做所获得的报酬没有任何差别的话，他就会粗心马虎地应付差事。"人的本性是懒惰的，是不想工作的，这是第一个假设。那人怎么满足懒惰这种天性，还能提高生产率呢？答案是：分工。

亚当·斯密的书中还举了一个例子，在一个大头钉工厂，一个人把金属线拉长，另一个人将它拉直，第三个人将其切断，第四个人将它削尖，第五个人将顶端切磨好跟头部相接，按照这样精细化的分工协作，他们一天最多能生产 48000 枚大头针。但如果不采用分工合作的方式，而是由一个人来完成所有工序，那么他们每个人连 20 枚都完成不了。精细化分工，让每个人就像一部机器的一个零件一样转动，不用思考也不用问为什么，只要按部就班地工作就可以。对人来说这是最简单的工作模式，满足了人性的懒惰。

第二个假设是激励可以提升工作效率，尤其是金钱激励。满足了人性的懒惰，那怎么才能进一步提高生产率呢？经济学家和企业家们又想到了一个办法：激励，尤其是现金激励。激励不仅仅是在人类身上有用，在动物身上也同样有效。20 世纪中叶，心理学家斯金纳训练老鼠和鸽子完成简单、重复性的任务，并将水和食物作为奖励。斯金纳的实验结果表明，通过操控奖励的数量和频率能够准确有效地控制动物们的表现。

通过分工和激励，可以有效提升生产效率，也可以最大化地激发一个人的工作积极性，这种思想被后来的"科学管理之父"泰勒发扬光大。在泰勒的《科学管理原理》中，他指出精细化的分工和适当的激励措施能够极大地提高工厂的工作效率，就像斯金纳发现在实验室中，按完成任务的次数来奖励鸽子，鸽子会有更出彩的表现一样。

第三个假设是人们之所以对抗懒惰，被激励推动努力工作，背后的原因都是因为钱。亚当·斯密说，人们之所以在大头针工厂日复一日、年复一年地做着简单重复的工作，当然不是在享受工作，而是为了工作所带来的报酬。只要能够获得令人满意的报酬，工作内容并不重要。

人性是好逸恶劳的、贪图享乐和懒惰的。人为了追求更好的生活就要付出辛苦的劳动，甚至做一些不愿意做的事情，这似乎是顺理成章的。但这其中有什么问题吗？当然有问题。

我们习惯性地认为，自律、善良、邪恶、贪婪等道德品质或人性特征是与生俱来的，是不会改变的。但是，越来越多的思想家和心理学家研究表明，人的道德品质、性格特征并非一成不变的，一个人在有些环境中会表现得自信勇敢，而在有的环境下会表现得胆小懦弱；有的人有时候表现得外向活泼，有时候却表现得自闭内向；有的学生在学校有校园霸凌行为，但是在家里的父母面前却是一个善良内向的乖小孩。人类的天性有很大一部分是周围社会环境的产物，大部分人的性格特征都是环境塑造的。

不仅性格特征是环境塑造的产物，甚至人类的道德品德也不是与生俱来的。在乔纳森·海特的《正义之心》这本书里面解释了人类有过于重视观点而忽视事实的自然倾向。他说，人的道德观念并不源于理性和反思，很大程度上源自连自己都没有意识到的根深蒂固的直觉。

其实，不仅道德品质、性格特征是环境塑造的，我们的思维方式也很容易受到环境和习惯的影响。我们很少去思考自己为什么会这么思考，我们生活在一个被别人定义的世界里，这个世界充满了各种各样的"假设"。

经济学家凯恩斯说："无论正确还是错误，经济学家和政治哲学家们的思想观点都比人们通常认为的更具影响力。事实上，正是这些观点和思想在统治着这个世界。勇敢的实干家们总是以为自己的思考独立而客观，并不会受到任何学术思想的影响，而他们可能恰恰是某位已故经济学家思想的奴隶。"这位影响力巨大的经济学家正是亚当·斯密。我们生活在一个被前人构建的、充满各种"假设"的经济社会中，人是自私自利的，激励可以促进工作效率，人愿意为钱而拼命工作等都是假设。

我们习惯性地信奉权威和社会约定的规则，同时我们也会习惯性地追随主流的价值观和思考方式。心理学上有一个著名的"自我实现预言"，专业的心理学名称是"皮格马利翁效应"，这个心理学机制给了我们一个重要的启发。这是一个著名的实验，心理学家们在一所学校随机挑选了一些学生，然后告诉学校领导和老师，经过他们的严格测试，发现这些学生"智力超群"，在未来一段时间学习成绩和智力水平会有明显提升。

当然,所谓的测试其实是假的,这些学生只是研究人员随机挑选的。但奇迹真的发生了,在这一学期末,那些被认为"智力超群"的孩子表现得确实比其他孩子更出色,智力水平和学习成绩也提高更多。仅仅是老师们对这些孩子抱有更高的期待,导致了这些孩子们出现了更优异的表现,这就是"自我实现预言"。心理学家们认为,给某些学生贴上"更有前途"之类的标签,会使老师改变对这些孩子的教育方式,进而促进预言的实现。这一发现对心理学和教育学都产生了深远的影响。

这个案例对我们有什么启发呢?我们接受一种观念,然后在潜移默化中,会用行动证明这种观念是正确的,直到后来真的发现这种观念的确是真的,当然这只是一个假设。就像我们习惯性地认为,工作就是为了挣钱,人性是懒惰的一样,这些其实都是人性的一种默认的假设。而这种假设太根深蒂固,以至于我们很少去质疑它,而是在潜移默化中去"证明"这种假设。

当我们在工作中遭遇种种困难和不愉快的时候,我们就会提醒自己,为了薪酬还是继续努力工作吧,而当我们工作获得了报酬后,我们就会习惯性地认为,这是我们付出了痛苦之后的回报。这是一个完美的自证逻辑,但如果我们一开始假设,工作是为了实现自我价值或者其他目的的话,可能会得出完全不同的结论。比如有调查显示,那些不是为了钱而工作的职业,如公益组织的成员、社会志愿者等,他们的工作满意度要远远高于为了钱而工作的人。"为了钱而工作"只是经济社会中一个"看似合理"的假设。

哲学家波普尔在《猜想与反驳》中说："**人类的进步是一个依赖于不断地提出假设，然后又不断打破假设的过程。**"

在现实社会中同样如此，每个人心中都有很多固有的信念或者假设，比如有的人认为张三是一个性格暴躁的人，当他表现出暴躁的时候，我们就会说："你看，他就是这样一个人。"而且我们还会忽视他好的一面。有的人坚信"善有善报恶有恶报""付出就有收获"，有的人坚信"上帝是公平的"，这些其实都只是一种假设，不过一旦我们接受了这些假设之后，就会情不自禁、不知不觉地用行动去验证这些假设，最终它们就变成了我们内心坚不可摧的信念。

信念就像房间里的大象

信念的重要性或许被很多人低估了，在一项意大利的研究中，研究人员给 700 个参加笔试的学生随机分配了座位号。在不同文化里，总有寓意吉利与不吉利的号码，比如我们不喜欢 4，而喜欢 6 或者 8。结果发现，那些被分配到吉利号的学生全都获得自信，他们期望的成绩普遍比实际成绩高；相反那些分配到不吉利号码的学生，期望成绩比实际成绩低。自信是决定人表现的一个重要因素，自信很多时候源自一种信念，抑或是一个幸运的数字、一件喜欢的衣服或者一种喜欢的颜色。

从客观的概念到主观的观念，再到坚定的信念，信念对一个人的影响是潜移默化且非常巨大的。信念有一种强大的心理暗示作用，甚至有时会产生致命效果。曾经有一位男子被诊断出患了某种转移性食管癌，被医生告知只剩下三个月寿命。果然，不久他就去世了。但当医生们解剖尸体时发现，这名男子实际上被误诊了，他确实得了癌症，但只是一个小小的非转移性的肿瘤，并不致命。而导致他死亡的，似乎就是一份错误的诊断报告。

信仰是一个非常强大的东西，精神状态对个人表现至关重要，而信仰可以从根本上改变精神状态。每个人都有很多信仰，信仰和普通观念不一样，它是一种根深蒂固的观念，是我们价值观、人生观、世界观、道德观的重要组成部分。当你的观点被驳斥了，你可能不会生气，但当你的信仰被质疑，你就会感觉自己受到了某种攻击，甚至大发雷霆。信念被反对，在感受上会非常接近于整个人被否定了。

你坚信"人性本善"，当你看到社会上那么多悲惨遭遇的时候，你会对这个世界产生怀疑和否定。你坚信"付出终有回报"，当你一直付出而没有回报的时候，你会感觉你的世界要崩塌了。坚定的信念有时候是自信的来源，同时，我们也必须谨慎看待信念。无法正确看待信念，无异于迷信，有调查显示25%的美国人承认自己有些迷信或者非常迷信；23%的人认为打破镜子是不吉利的；27%的人认为四叶草是幸运的象征等。

信念是一种你信奉并会践行的观念，也是引导你做出选择和行动的一种精神动力。信念是我们行为和决策背后那个隐性而巨大的驱动力，也就是"房间里的大象"。信念的来源主要有四个：

第一个是生物的本能，对生存的渴望和对死亡的恐惧。

第二个是个体生活经历的塑造，在人生经历中，我们会慢慢形成自己的信念。比如"车到山前必有路""办法总比问题多""努力就有回报"等，当然也可能形成一些不好的信念，比如"人性就是邪恶的""每个人都是自私自利的""要想成功就不能太善良"等。这些信念的形成跟每个人的社会经历相关。

第三个来源是社会公共价值观的输入，比如"努力终会有回报""好人有好报"等。

第四个是来自想象力的构建，团体就是典型的代表。在畅销书《人类简史》中，尤瓦尔·赫拉利说，国家和民族的形成其实是想象力的产物，我们都只是想象的共同体。

为什么我们会有信念呢？从根本上说，是由于大脑对权力的渴望或者说对控制感的追求以及大脑懒惰的结果。有了某种信念之后，我们会感觉对事情更有把握、更有掌控感，比如你坚信穿红色的袜子比赛，会更有可能赢得比赛；比如你相信坐在右边的座位，面试会更容易通过等。在这些不切实际的信念背后，是我们大脑想通过信念获得某种控制感和确定性，感觉自己对结果有某种神奇的掌控能力。

同时信念是出于大脑懒惰的本能，是我们做出决策和判断的快捷方式，是我们行事和决策的默认原则和动力。信念就像一把尺子，把符合它的东西划到一边，而把不符合它的东西划到另外一边，这种方式简化了世界的复杂性，有利于大脑节约能量。

信念就像我们房间里面的大象，它极大地影响着我们的日常行为和思考，但是我们很少去审视它的存在和正确性。而保持信念的灵活性或者经常审视信念的合理性非常重要。我们要经常质疑自己：我的信念真的是对的吗？而实际上，保持信念的灵活性，才是一种更好的信念。

工作的意义是什么？

有一次听刘擎老师的一个主题演讲，演讲结束后是提问环节。因为刘擎老师讲的是哲学主题，很多同学几乎都问了同一个问题：如何找到人生的意义？这可能也是当今现代人普遍的困惑。人生的意义是什么？工作的意义是什么？但我们仔细思考，这个问题本身就有问题。

这个问题本身就隐含了一些基本假设和隐性的思维模式。

首先，这个问题认为人生或者工作的意义是先天存在的，需要我们去发现和寻找。它们就好像藏到某个地方的珍宝一样，而我们的人生就是一场寻宝之旅，我们重要的目的就是要找出这些珍宝。但意义并不是客观存在的，而是我们赋予事物存在的原因，意义是精神性的也是主观性的。换句话说，所谓的人生和工作的意义并不存在于人生和工作的某个地方，等待着我们去发现。

意义是主观创造的结果，是我们有意识赋予的。从根本上说，对意义感的追求是一种精神追求，是我们在精神和思维层面实现逻辑自洽的结果。比如有人把工作的意义看成赚钱养家的手段，而有人把工作看成实现自我、施展才华的地方；比如有的人把婚姻看成爱情的坟墓，而有人把婚姻看成修成正果。人是一种寻求意义的动物，这是人之为人的高贵，只有人会为了意义而存在，甚至为了看似虚无缥缈的意义而赴汤蹈火，这或许正是"意义的意义"。

其次，当我们问"工作的意义是什么"的时候，不管怎么回答，这个问题背后都体现了一种思维模式，那就是我们做一件事需要一个确定的原因或者理由，这是一种因果思维，也是一种目的论思维。我们不会无缘无故做一件事，而必须要找到做一件事的原因。但是这种思维的缺陷在于，一方面，我们很容易建立逻辑自洽的因果关系，另外一方面，它也可能阻碍我们做出看似盲目的尝试。

比如当我们回答"工作的意义就是赚钱"的时候，赚钱和工作之间就建立了某种因果关系，甚至是强因果关系，我们会在心里暗示这种因果关系。反过来，如果这个因果关系没有得到满足，那么我们做这件事的行为动机就可能会减弱，例如认为不赚钱的工作就是没有意义的。与其说我们找到了工作的意义，不如说被这种意义绑架了，这就是我们经常说的"被工作异化"。在这种逻辑自洽的因果关系中，我们会越来越看重意义的价值，而忽视过程本身的价值，甚至迷失自我。

我们通过一个心理学实验来看看"目的"是如何绑架"意义"的。实验人员邀请了一批受试者，让他们长时间去做一些非常无聊的事情，比如左右扭螺丝或者转书。但是他们被分成了两组，一组人在结束这个无聊的行为之后，会拿到一笔可观的报酬，比如 50 元；而另外一组人就没那么幸运，他们只能拿到 1 元。

实验结束后，研究人员调查他们对实验的看法，结果发现那些拿了更多钱的人，反而对这个实验持否定和消极的评价，但是他们普遍认为自己也拿了一笔报酬，所以还过得去。那些只拿了 1 元的人反而对实验持积极的评价，他们觉得在这里认识了新朋友，还帮助了科学家做科研，很有意义。为什么拿了更多钱的人，反而对这项任务的评价更消极？

其实很好解释，如果人们把报酬作为自己行为的目的，他们就会围绕这个目的解释自己的行为，解释自己是为了钱去做这件无聊的事情。而那些拿到很少报酬的人，就没有这个自洽的逻辑，所以，他们会赋予自己做这件事其他意义，比如认识了新朋友，帮助了别人等，这样反而对自己行为有积极的评价。

另外，当我们建立这种逻辑自洽的因果思维，其实在很大程度上阻碍了我们对工作意义的积极探索，同时也阻碍了我们做出很多尝试。在付出一项努力之前，我们就会审视这个事情是否符合"赚钱"的意义标准，如果不符合，就不会付诸行动，因为我们会认为这样的行为是没有意义的。

但实际上，很多工作的意义是我们在工作过程中创造出来的，并不是一开始就可以看清楚。就像很多人创业时选定了一个创业方向，而做着做着就发现另外一个创业方向可能更好。如果一开始我们便认定了一件事的目的，并建立了逻辑自洽的因果关系，实际上会阻碍我们进行看起来毫无意义的尝试。

所以，如果一件事有一个显而易见的理由，我们不是应该感到庆幸，而是应该警惕。

工作的意义是什么？在这个看起来普通的问题背后，我们也可以进行相关哲学思考，思考我们的问题中是否隐含了什么前提假设和固化的思维模式，只有我们进行不断反思，才能打破思维的局限性，获得更大的思想自由度。

人不只有幸福，还有责任

关于人生意义的追问，是现代人最困惑的哲学问题之一，人生的意义到底是什么？人生有确定的意义吗？这些问题之所以成为问题，反映现代人自我意识的觉醒。对人生意义问题的追问，实际上是对自我存在原因的追问，我们不仅要问工作的意义是什么、爱情的意义是什么、婚姻的意义是什么，对于我们自身还有一个根本性的问题：我存在的意义是什么？或者说我的人生意义是什么？

实际上，当我们问自己人生意义的时候，其中至少包括了两个问题。

第一个：我在这个世界上的意义是什么？

第二个：人生对我来说有什么意义？

对于第一个问题，我在这个世界的意义是什么？或者说我在世界上存在的价值是什么？我们经常听到这样的说法："世界没有了谁都照样转。"也就是说，你对世界其实没有任何意义。就像路边的一块小石头存在或者不存在，这个地球照样转一样，这个小石头对世界来说没有意义，或者说没有价值。

但是区别在于，小石头没有意识，它不会意识到存在的意义，人不一样，人有意识，我们会追问自己的存在的意义和价值。而当我们问"我在世界的意义是什么"时，其实是在探讨我与世界的关系。人是一种社会性动物，马克思说："人的本质是社会关系的总和。"我们总是存在于各种社会关系中，或者说存在于各种社会角色中。我是孩子的父亲、是妻子的丈夫、是公司的同事等，每一种社会角色都带有一定的社会责任，或者说每一种角色都有一定存在的价值。我是孩子的父亲，所以我对于孩子的意义就是给他们提供良好的生活和教育条件，这些是作为父亲这个角色的意义，也是父亲这个角色存在的价值。正如哲学家加缪说的："人不只有幸福，还有责任。"

如果说，我对世界的意义是一种价值的存在，那么这种价值实现就是我的人生意义吗？这其实就转向了第二个问题的思考：人生对我来说有什么意义？

我们的父辈很少思考这个问题，他们承担了自己的社会责任，实现了自己的价值，就获得了人生的意义，或者说他们把价值实现等同于自己的人生意义。但是今天的我们除了追求我们对世界的意义，还会追问人生对我们的意义，我只是作为孩子的父亲、妻子的丈夫、父亲的儿子、社会的生产力而存在的吗？显然并不是，因为这好像只是作为某种角色的"我"，而不是真正的"自我"，那人生对我的意义是什么？

每个人的人生都是独特的，我们可以创造独特的人生体验，赋予人生不同的意义，我想这是人生对于我们的意义，"人生"对我们来说就像一张"白纸"，我们用独特的人生体验在这张白纸上描绘了绚烂的色彩，这才是人生对于我们的意义，这是我们对人生的主动创造。

人生是一场体验之旅，人生的意义是我们主动赋予的，而不是与生俱来的。

人的存在并没有绝对的、固定的意义，基于角色的价值实现也是一种相对的意义。关于人生意义的话题，我比较喜欢维特根斯坦说的，**世界的意义在世界之外，同样，人生的意义也在人生之外**。他说，通过研究和学习光学，我们可以搞清楚光的现象和规律，但是我们永远无法回答光为什么存在。同样，人可以意识到人的价值和意义，但人的存在并没有绝对意义，就像维特根斯坦说的："一切都是偶然的，或者说，存在的意义是未知的。"

但正是因为人没有本质的、绝对的、固定的意义，你的人生才因此有了意义，因为你可以自由创造属于你的人生意义。

加缪在《西西弗斯神话》中对人生意义等话题做了精彩的诠释。在古希腊神话里，西西弗斯是古时候的一个国王，但他因为触怒天神，受到了诸神的惩罚。诸神令其把一块巨大的石头推向山顶，然而每当他即将成功时，石头就会因为重力从山顶滚下。于是西西弗斯需要一次次地推石头上山，循环往复，没有尽头。

诸神认为这种无用又无望的劳作就是最可怕的惩罚，当然加缪是在用这个故事来隐喻我们的人生，并告诉我们，人生本来就是没有意义的，是没有任何希望且非常荒诞的。加缪的哲学也因此被称为"荒诞"哲学。荒诞是希望的反面，如果希望代表一种确定性和目的性，那么荒诞代表的就是不确定性和无目的性。

加缪认为，荒诞是人生的主题或者底色。不过他也指出，人生固然就像西西弗斯每天都要推石头上山一样，似乎是没有任何意义和目的的，但西西弗斯并没有因为这个看似非常残酷的惩罚而妥协，他可以在独自下山的过程中欣赏沿途的美景，在推石头上山的过程中思考，而这些都可以让这个枯燥的过程充满乐趣，西西弗斯也坚持了下来。

从西西弗斯的故事到加缪的荒诞哲学，究竟给了我们怎样的人生启示呢？

首先，加缪为我们设定了人生的底线，希望我们先接受这样的命运安排，认识到人生的荒诞和表面上的毫无意义。但他更希望我们因为看清人生的本质而释怀，这样我们往后每前进一步都有收获，都是积极的。

我们每天都吃饭、睡觉，然而吃饭和睡觉只是为了维持我们的生命。这是我们寻找人生意义的起点，而不是终点。我们当然不能每天只盯着吃饭和睡觉这些事去追问意义，而应当在别的地方寻找人生意义，找到自己的兴趣与热爱很重要。

如果你对三点一线的生活感到无聊的话，可以试试万维钢的方法。他在一期节目中说，每个人都应该有个秘密项目，这个秘密项目不是普通的业余爱好，你需要非常严肃认真地对待，每天都取得一些进展，然后达到很高的水平。这是在平凡的生活之余创造新的人生意义的好办法。

其次，加缪赋予了我们人生意义的开放性。荒诞固然是人生的底色，人生没有确定的终极意义，但人生的意义也因此具有了开放性。人生没有预设，在接受了命运的底线之后，我们并不能就此认命，而应当更开放地去寻找属于自己的人生意义。

诸神用推石头上山来惩罚西西弗斯，但真正的惩罚并不是辛苦的劳作，而是思想和理念上的折磨。他们想用这种无止境的重复劳作，让西西弗斯看不到人生的希望，但西西弗斯逐渐认识到，自己改变不了命运，他唯一可以做的就是继续推石头。然而人生意义是可以自己决定的，有一天，他发现自己可以蔑视命运，甚至用享受推石头上山这个过程来否定诸神对他的惩罚，于是他重新收获了快乐。

加缪最后写道："那岩石的每个细粒，那黑暗笼罩的大山每道矿物的光芒，都成了他一人世界的组成部分。攀登山顶的拼搏本身足以充实一颗人心。我们应当想象西西弗斯是幸福的。"

小结

这一章的主题是意义。人是追求意义的动物，我们不仅要知道如何做事，还要知道为什么做事，意义来自自我赋予事物价值和原因的过程。意义和价值是一体两面的，是我们赋予一件事内在价值的过程，追求工作的意义、人生的意义同时也是追求自我价值实现的过程。正如前文所说的，自我的意义是自我实现。

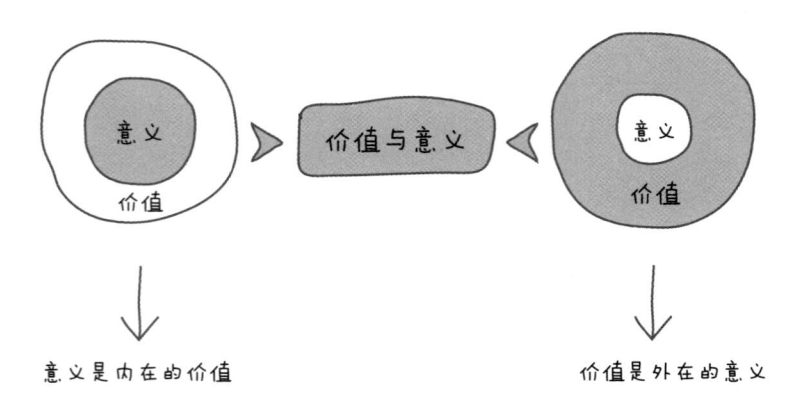

意义是内在的价值　　　　　　　　价值是外在的意义

哲思启示录

* 我们理解了意义与价值的不同，理解了人生没有确定的、终极的意义，意义很大程度上来自自我的价值实现。意义与价值是一体两面的，所以意义也具有两面性。自我存在的价值是什么？人生对我来说有什么意义？这些都是我们值得不断追问的问题。在人生的不同阶段，我们可能得出完全不同的答案。

* 意义是主观的，是我们主动创造的结果，事物本来没有意义，正是因为我们赋予它们意义，才让我们的生命变得丰富多彩。从某种程度上说，正是因为意义感的存在，让我们短暂的一生可以变得崇高而伟大、丰富而深刻。

15

生死：人都会死吗？

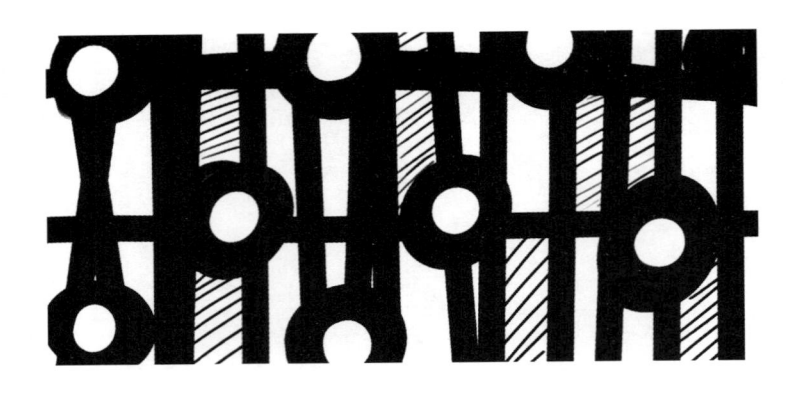

夭寿不二，修身以俟之，所以立命也。

——孟子

生死是我们无法逃离的话题，但也是我们经常回避的话题。我们之所以恐惧死亡，或许不是因为死亡会带给我们痛苦，而是终结了"我"的存在。从自我开始，最后来到死亡。本章将带大家直面死亡的恐惧，探讨生与死的关系以及死亡对人生的意义。

神奇的药丸

生死一直是中国文化中比较禁忌的话题,不仅仅是中国,在几乎所有的文化中死亡都是禁忌的话题。因为人都有对死亡的恐惧,死亡意味着生命的结束,也意味着失去了所有曾经拥有的东西。

在睿之两三岁的时候,有一天晚上我陪他睡觉,他突然问我:"爸爸,你也会死吗?"我一时不知道该如何回答他这个严肃的话题。如果告诉他死亡是人生注定的结局,好像有点过于残酷了。等我还在想着如何回答他的时候,他说:"爸爸,我不希望你死。"语气中带着难过的情绪。我说:"说不定有一天你们会发明一种神奇的药丸,人的生命可以一直延续下去。"于是,后来每当我们谈到死亡话题的时候,这颗"神奇的药丸"就会出现。

死亡意味着失去与分离,如果死亡是我们不得不面对的话题,我们应该如何看待死亡呢?东西方哲人们面对死亡的态度,或许可以给我们一些启发与思考。

向死而生

在哲学史上，古希腊哲学家伊壁鸠鲁对于死亡的态度十分乐观，他认为我们不需要畏惧死亡，因为只要我们存在一天，死亡就没有来临。而当死亡来临时，我们也已经不存在了。

生死观一直以来都是古今中外哲学关注的重要话题，很多哲学家都提出过自己的生死观。生与死是什么关系呢？我们应该如何看待死亡？这里有三种观点：

第一种观点认为，生与死是无关的。

第二种观点认为，生与死是对立的，死亡是对生命的否定。

第三种观点认为，生与死不是相对的，死亡是生命的一部分。

伊壁鸠鲁秉持第一种观点，他是古希腊快乐主义哲学的代表，伊壁鸠鲁认为死亡与我们并没有任何关系。他将死亡排除在生命之外，因此消解了对死亡的恐惧。伊壁鸠鲁的哲学也被称为"快乐主义哲学"。他提倡理性、节俭、朴素的生活方式，追求的是清心寡欲的简单快乐，主要宗旨是要达到不受干扰的宁静状态，并让人们学会发现和享受快乐。

存在主义哲学家萨特秉持第二种观点，他认为死亡是对生命的否定，死亡在生命之外，它不但没有赋予生命任何意义，相反，正是死亡把一切意义从生命中抹去。萨特说："**死亡是唯一任何人都不能替我做的事情。**"死亡是生命的偶然事件，生命终将结束，但何时结束和以什么方式结束是完全偶然的，这种偶然性也不是上帝决定的。死亡对于我们来说，永远都不是应该发生的，就像萨特所说："如果我们应当死去，我们的生命便没有了意义。"

存在主义哲学家萨特把"存在"分为两种：自在存在和自为存在。所谓自在存在，就是事物的本身，它是没有意识参与，也没有意义和目的，没有任何本质。而自为存在则不同，它是自在之物和意识的结合，因为有了意识的参与，自为存在变得有意义、有目的，同时也拥有绝对自由，而自为存在的典型其实就是人。

而自在存在和自为存在的关键区别在于意识在其中的作用，所以萨特认为，死亡作为对生命的取消，意味着把有意识的"自为存在"转化为无意识的"自在存在"，这两种存在完全不同。在这个过程中，自为存在不能再通过自由意识改变自己，一切可能性和意义都终止消失。所以萨特认为"死亡是我的可能性的虚无化，死亡在生命之外，是对生命的否定"。

既然死亡在生命之外，是一种偶然性和荒诞性的事实，那么它便不是生命的一部分。所以从这个意义上讲，我们可以摒弃对于死亡的恐惧，而以一种平静的态度看待死亡，它不过是生命中的一个偶然性事实。萨特说，我们每个人都是一个总会死去的、自由的人，这一天迟早会到来，但是它只是你生命中的一天而已，除此之外没有别的意义。**人拥有绝对的自由，哪怕是面对死亡。**

相较于萨特对死亡的态度，海德格尔对死亡的态度则更加积极。海德格尔对死亡的态度是"**向死而生**"。海德格尔认为，人有自我意识，而在所有的意识里面，有一种是最特殊的，那就是"对死亡的畏惧"。这种畏惧无时无刻不在，所以我们会一直想办法来逃离这种畏惧。

海德格尔认为，人走向死亡的过程，一方面是人走向沉沦的过程，因为死亡意味着我们失去所有，包括所拥有的东西和选择的自由，这是死亡畏惧的消极一面；但另一方面，正是因为对死亡的畏惧，又把我们逼回到本真的自己。当你面对死亡时，会陷入短暂的虚无状态，周围空无一切，无依无靠，你需要一个人面对，因为没有人可以替你死亡。所以面临这种情况时，你会重新思考自己的处境，所谓"置之死地而后生"，这个时候你只能勇敢面对，鼓起勇气独自前行。

这个时候，你不再是一个陷入沉沦的人，而是一个可以掌控自我生命意志、为自己谋划和自主选择的人。换句话说，是对死亡的畏惧，逼迫出了你本真的状态，这是"向死而生"积极的一面。所以，海德格尔的"向死而生"并不是一种消极的人生观，而是一种非常积极的人生观。就像海德格尔所说，人只有经历过"死亡畏惧"的时刻，只有经历过"虚无"的瞬间，才会对当下的生活有所领悟，本真的生存才能成为可能。

海德格尔的"向死而生"，给了我们一种面对死亡的勇气和力量。苹果公司已故创始人乔布斯在一次演讲中说："当你把每一天都当成生命中的最后一天，你反而会觉得轻松自在。当你早上起来，面对镜子问你自己：如果今天是此生最后一天，我今天要干些什么？每当我连续好几天都得到'没事做'的答案的时候，我就知道我必须有所改变了。"

乔布斯接着说："提醒自己快要死了，是我在人生中下重大决定时所用过最重要的工具。因为几乎每件事——所有外界期望、所有名誉、所有对困难或失败的恐惧，在面对死亡时都消失了，只有最重要的东西才会留下。追随自己的内心,才可以发现我们真正的热爱。"

夭寿不二

西方哲学普遍把生与死对立来看,而中国哲学对生与死的态度截然相反。如果说海德格尔的"向死而生"给了我们一种直面死亡的勇气,那么孟子的"舍生取义"则多了一份悲壮的使命感。孟子说:"生,亦我所欲也,义,亦我所欲也。二者不可得兼,舍生而取义者也。"相较于死亡,儒家思想更看重实现生命的意义和价值,或者说,儒家思想用生命境界消解了对死亡的恐惧。

孟子说:"夭寿不二,修身以俟之,所以立命也。"不论寿命是长是短,长寿或者夭折,都不改变自己修身的态度和人生的使命,这是孟子看待命运的态度。"舍生取义"与"夭寿不二"体现了孟子对生命的尊重,也体现了孟子对死亡的消解。

孟子认为,为了追求人生的理想,为了实现自己的使命,即便生命在任何一刻停止都并不觉得有任何遗憾。相较于"向死而生"的紧迫感,孟子"夭寿不二"的人生观多了一份坦然。追求人生的使命,活出生命的境界超越了对死亡的恐惧,正如同儒家思想家张载所说:"为天地立心,为生民立命,为往圣继绝学,为万世开太平。"这四句话被哲学家冯友兰称为"横渠四句",

张载的人生观一直被后人传颂，这和孟子的"夭寿不二"有异曲同工之妙。

同样，同为儒家哲学家的冯友兰也提出了人生的四重境界：自然境界、功利境界、道德境界和天地境界。

一个人做事，可能只是顺着本能或社会的风俗习惯。就像小孩和原始人那样，对于自己所做的事并无觉解，或不甚觉解。这样，他所做的事对于自身就没有意义，或只有很少的意义，这样的人生境界就是自然境界。

一个人意识到在为自己而做各种事，这并不意味着他必然是不道德的人。他可以做些后果有利于他人、动机则是利己的事。所以他所做的各种事，都对他有功利的意义。这样的人生境界就是功利境界。

还有的人了解到社会的存在，认为这个社会是一个整体，他是这个整体的一部分。有这种觉解的人会为社会的利益做各种事，如儒家所说，他做事是为了"正其义不谋其利"。他是真正有道德的人，他所做的都是符合严格道德意义的道德行为。这样的人生境界就是道德境界。

最后，一个人了解到在超乎社会整体之上，还有一个更大的整体，即宇宙。他不仅是社会的一员，同时还是宇宙的一员。他不仅是国家的"公民"，同时还是孟子所说的"天民"，有了这种觉解，他会为宇宙的利益而做各种事。他了解自己所做的事的意义，这种觉解构成了最高的人生境界——天地境界。

冯友兰说，在这四种人生境界之中，自然境界、功利境界的人，是人的自然状态；道德境界、天地境界的人，是人应有的生命状态。前两者是自然的产物,后两者是精神的创造。自然境界最低,其次是功利境界,然后是道德境界,最后是天地境界。之所以如此排序,是由于自然境界几乎不需要觉悟;功利境界、道德境界需要较多的觉悟;天地境界则需要最多的觉悟。道德境界有道德价值,天地境界有超道德价值。

按照中国哲学的传统,哲学被认为能帮助人达到道德境界和天地境界,特别是达到天地境界,天地境界又可以称为哲学境界,因为只有通过哲学了解宇宙万物,才能达到天地境界。道德境界是哲学的产物,道德境界是贤人,天地境界是圣人,圣人是达成人作为人的最高成就,这就是哲学的崇高任务,也是我们学习哲学的意义之所在。总之,**儒家思想通过活出生命的境界,化解了对死亡的恐惧。**

万物一府,死生同状

儒家思想看重生命的意义和境界,孔子说:"未知生,焉知死。"而道家思想把生死看成一种自然规律,不会因为更看重生而厌恶死,也不会因为死亡而否定生命的意义。在道家思想中,生与死并非对立和否定的关系,从道家的视角看,生与死本是一体的,正如庄子说的"万物一府,死生同状",道家思想的生死观更显示出一种超然的态度。

有一天，列子来到卫国，随从的人看到一具百年的骨骸。列子指着骨骸对弟子说，只有我和他知道，人并没有生和死的区别，他死了需要难过吗？我活着值得高兴吗？其实都不需要，生死只是一种自然的规律。

列子说，事物的存在都会回归到无形，有形体都会变成空无。先有存在然后消亡的事物，并不是永远存在的实体；先有形体然后死去的事物，并不是道本身。存留的，按理来说一定会消失。消失的必然会消失，就像存留的一定会存留一样。假设要永远存留，而不灭亡，这是不清楚自然的定律。人也是一样，人由魂灵和形体构成。魂灵，归天所拥有；骨骸，归地所拥有。归天的本质轻飘飘就散去，归地的本质沉重就聚拢。魂灵离开形体回归到它们的始源，因此叫做"鬼"。鬼也就是"归"的意思，回归元气的根源。黄帝说："魂灵上升到天门，骨骸回归地下，我还存在什么呢？"

列子把人的一生分为四个阶段：婴孩、少壮、老年、去世。在婴孩时期，志向专一，元气特别醇和，外物对他构不成伤害，因为德行完整。在少壮时期，血气方刚，欲望增强，外物就可以干扰他了，因此德行开始减退。在老年时期，欲望减弱，身体也已经接近安息，外物难以干扰。到了去世时，人已走到安息，就回到了他的归宿。这是道家思想的生死观，他们将生死看成一种非常自然的规律，死亡并不值得难过，甚至超越了生死和世俗的快乐。

列子曾讲过两个故事。

第一个故事是有一天孔子到泰山游玩，看到一个叫荣启期的人在步行，穿着打扮很奇怪，还边走边唱，显得很高兴的样子。孔子就过去问他，为什么如此愉悦？荣启期说："我有很多快乐的原因，万物诞生，以人最为尊贵，而我就是人，这是让我快乐的第一个原因。男女有别，男人更为尊贵，我是一个男子，这是让我快乐的第二个原因。人的生命短暂，有的人在娘胎里面就去世了，而我活了将近九十岁，这是让我快乐的第三个原因。"荣启期继续说："贫困是读书人的常态，死亡是生命的归宿，我乐于贫困，等着去世，还有什么可担忧的呢？"孔子说："真好！果然是能自我安慰的人啊！"

第二个故事是有一天孔子来到卫国，看到在田垄上有一个老人，他一边在田地里面捡着麦穗一边唱歌，很开心的样子，孔子让子贡去跟这个老人聊聊。这个老人叫林类，接近一百岁了，靠捡麦穗为生。子贡问他，你这么大年纪了，还靠捡麦穗为生，为什么还这么开心，不应该感觉很苦恼吗？老人抬起头告诉子贡说："我为什么要烦恼呢？"子贡说："你年轻的时候不努力，长大之后又不与时运相争，老了连妻子儿女都不在身边，现在还靠捡麦穗为生，这不值得苦恼吗？"林类笑了说："我之所以快乐，是因为每个人都可以做到，但你们还以为那是痛苦。"

林类接着说："首先，因为我年少时没有努力奋斗，长大了也不和时运相争，所以才能这么长寿。其次，因为我老了也没有妻儿，眼看就要行将就木了，所以才如此愉悦。"子贡反问道："每个人都希望长寿，不应该对死亡避之不及吗？您为什么会觉得死亡是快乐呢？"林类说："死和生相对，如此一来一往，在这儿死了，又怎么知道不在其他地方生呢？所以，生死其实是一回事，我为什么要执着追求活着呢？我哪里知道现在去世，会不会好过活着呢？"

子贡听了，无法理解他的意思，回去告诉老师。孔子说："我就说这个人是可以聊一聊的，果然是这样。虽然他是个通晓道理的人，却还未能达到完善程度。"孔子的意思是说，这个人没有体验过娶妻生子，人生可能并不完整。可以看出，儒家思想更看重生命的意义和价值，而道家思想则把生与死看成一体，生与死构成了完整的生命。

如果说列子对于生死持坦然的态度，那么庄子的生死观则是超然的。

《庄子·大宗师》中讲了一个故事，子桑户、孟子反、子琴张三个人是好朋友，他们都已经是得道之人。一天，子桑户去世了，还没有埋葬。孔子听说了，就派子贡去帮忙办理丧事。子贡去了之后，看到孟子反和子琴张一个人在唱歌，一个人在弹琴，子贡就走上前质问他们说："请问对着朋友的尸体唱歌，这合乎礼仪吗？"而他们两个人却相视而笑，说："你哪里知道，什么是真正的礼呀？"

子贡回来后，把听到和看到的告诉孔子，说："他们这是什么样的人啊，不修德行，把尸体放到外面，还对着尸体唱歌，面不改色。"孔子说："他们都是些摆脱礼仪约束，而逍遥于人世之外的人，而我们却生活在具体的世俗社会里面。人世之外和人世之内彼此互不干涉，而我却让你去吊唁，我实在是太浅薄呀！他们和造物者结为伴侣，逍遥于天地之间，早已经看淡了生死，又怎么能接受世俗的礼乐呢？"

《庄子·知北游》中说:"生也死之徒,死也生之始,孰知其纪!人之生,气之聚也。聚则为生,散则为死。"庄子说,生和死是同类,死是生的开始,没有人知道它们的头绪。人的诞生,是气的聚合,气聚合形成生命,气离散便是死亡。生死是互为循环的,如果死和生是同类的话,那么我们又何必担心死亡呢?

庄子说:"万物一府,死生同状。"万物最终归结于同一,死和生并不存在区别。每天都有老人去世,每天也都有婴儿新生,老树死去,幼苗新生,从万物的视角看,个体的存亡对整体并没有影响。万物的初始只是"无",所以庄子说,一个人可以把"无"看成开始,把"生"看成过程,把"生死存亡"看成一个整体,这个人就摆脱了对死亡的恐惧,进入了逍遥的境界。

小结

这一章的主题是生死。生死问题向来都是我们关注的终极话题。如果死亡不可避免,那我们应该如何看待死亡的意义呢?

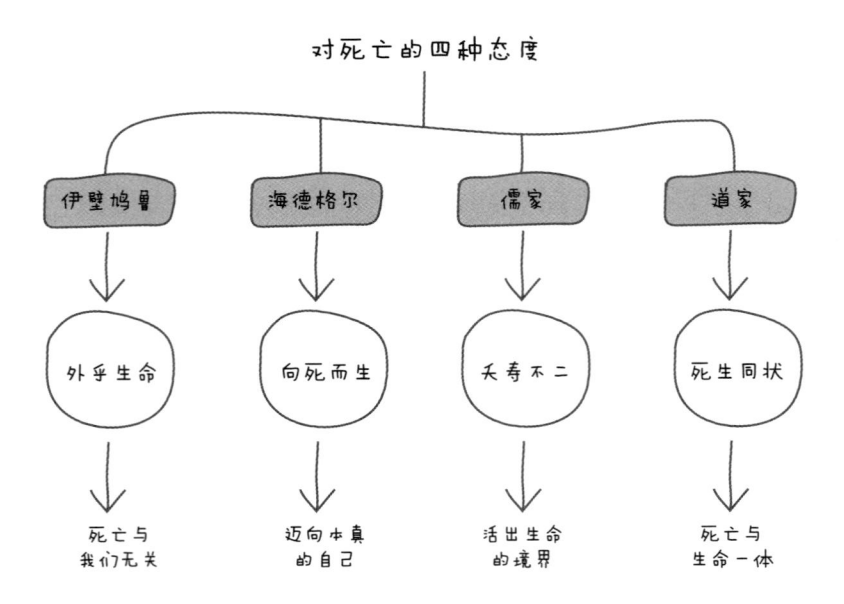

对死亡的四种态度

- 伊壁鸠鲁 → 外乎生命 → 死亡与我们无关
- 海德格尔 → 向死而生 → 迈向本真的自己
- 儒家 → 夭寿不二 → 活出生命的境界
- 道家 → 死生同状 → 死亡与生命一体

哲思启示录

* 对于死亡有四种不同的态度，第一种是伊壁鸠鲁的死亡观，他认为死亡与我们无关，是外在于生命的东西，我们不需要为此而担忧；第二种是海德格尔的"向死而生"的生死观，死亡是对生命的消解，正是对死亡的畏惧让我们活出本真的自我，从这个意义上说，死亡也给我们有限的生命提供了内在的动力；第三种是儒家孟子的"夭寿不二"的生死观，通过活出生命的境界来消解对死亡的恐惧，有价值的生命可以接受在任意时刻结束，也不觉得有遗憾；第四种是道家思想的"万物一府，死生同状"的生死观，死亡是完整生命的一部分，从而消解了我们对死亡的恐惧。

结语
你相信光吗？

真：诚者自成

有一次，睿之回家时看着很生气，他说他和一个很好的朋友绝交了，还跟我详细描述了矛盾的全过程，说再也不要跟这样的人做朋友了。过了几天，他满头大汗从外面跑回来，我问他跟谁去玩了，他说跟谁谁玩了。咦，我有点疑惑，我说你们不是前两天已经绝交了吗？不是不做朋友了吗？他轻描淡写地说："早就和好了。"

他说得好像这个事情从来没有发生过一样。我们成年人和同事、朋友发生争吵和矛盾，可能真的从此分道扬镳，不相往来了，而小孩可以如此"能屈能伸"，这有点让我自愧不如。成年人往往会受到面子、价值观、道德观、经验和思维的束缚，而小孩子完全没有这些负担，他们可以很坦然地做真实的自己，这或许是小孩子没有烦恼的原因之一吧。

成年人有很多烦恼的原因，不在于我们不够聪明，而在于我们不够真实。我们用虚假掩盖真实，用利益遮蔽良知，用目的破坏动机，我们成长的过程就是一个逐渐远离自我的过程，所以老子说"其出弥远，其知弥少"，我们知道得越多，反而离"真实"越远。

　　哲学就是爱智慧，什么是智慧？或许我们永远都无法达到，但是我们可以找到与智慧最接近的东西，那就是真实。柏拉图说，还有什么比真实更接近智慧吗？没有！

　　如果说东西方智慧有什么共同追求的话，那就是"真"。西方哲学追求真理，东方哲学追求真诚。这里的真诚不仅仅是一种态度和人格品质，更是一条通往智慧和幸福人生的道路。

　　庄子在《庄子·知北游》中说："古之人外化而内不化，今之人内化而外不化。与物化者，一不化者也。"意思是说，古代的人随着外物变化而内心保持不变；现在的人内心多变而不能随外物变化。能随外物变化的人，就是能内心持守不变的人。他能安于变化，也能安于不变。"外化而内不化"是庄子的人生观，如果我们随着外物而变化，就很容易失去本真的自我，很难坚守自己内心淳朴的自然本性和初心。正如佛教《华严经》中说："不忘初心，方得始终，初心易得，始终难守。"

　　《中庸》推崇"至诚"，《庄子》推崇"至真"，在《庄子》中有很多对圣人的描述，如真人、圣人、至德者等。在《庄子·德充符》中也讲了一个故事，鲁哀公听说在卫国有一个人叫哀骀它，这个人相貌奇丑，而且没有权势、口才和学识，但是每个与他相处过的人都不愿意离开他，女子见过他，都要做他的妻子。

　　于是鲁哀公把他找来要看看这人有什么真本事，鲁哀公与他相处一个月之后，发现自己非常信任他，甚至愿意把国事交付于他，在哀骀它走了之后，还很惆怅。于是鲁哀公就来问孔子，这个人到底什么地方这么有魅力。孔子说，这个人就是"至德之人"。圣人就像一面镜子，他能映照出我们真实的样子，哀骀它就是这样的人，他就像一面镜子一样，让众人看到了真实的自己，所以人们愿意亲近和信任他。

道家思想追求自然与真实，《中庸》把这种智慧称为"至诚"，《中庸》第一句就道出了"诚"的内涵："天命之谓性，率性之谓道，修道之谓教。"这里的"率性"就可以理解为"诚"。我们经常说"诚信、诚实、坦诚、率真、率性"，"诚"是事物本真的样子，保持本真和至诚的状态，就是最接近于自然和天道的状态。所以《中庸》说："诚者，天之道也；诚之者，人之道也。"

我经常将"诚者自成"这四个字作为赠语送给我的读者，追求至真、至诚的人生，在成就自己中，成为自己。

善：做一个善良的聪明人

好人就有好报，这是父辈告诉我们的道理，但是这样的价值观很容易受到现实的质疑和挑战。有的人说善良的人常常吃亏，所谓"人善被人欺，马善被人骑"，善良的人总是受人欺负，甚至被人利用，善良的老实人也常常不幸福。所以，他们得出结论：人不能太善良。

当善良的人总是吃亏,甚至常常不幸福的时候,我们还需要成为一个善良的人吗?不仅我们现代人有这样的困惑,在古代,孔子的弟子子路也有这样的困惑。

有一个孔子困于陈蔡的故事,讲的是孔子到南边的楚国去,但是被围困在陈国和蔡国之间,七天都没有吃过熟食,野菜羹里面连一粒米都没有,学生们都饿得面黄肌瘦。子路就来问孔子:"我听说,行善的人,上天就赐给他幸福。作恶的人,上天就用灾祸报复他。如今先生积累功德,坚守奉行道义,身怀各种美德,为何处境还如此窘迫呢?"

孔子是我国古代著名的思想家,五十多岁带众弟子周游列国十四年,推行自己的思想理念,其中多次面对艰险,身处绝境,但孔子仍然没有放弃自己的理想。在面对弟子的抱怨时,孔子的回答值得我们每个人深思。孔子说:"仲由你不懂,我告诉你吧。你觉得有才智的人就必定会被任用吗?王叔比干被剖腹挖心,关龙逢被杀,伍子胥被分尸,这些都是忠诚、有德有才之人,他们不但没被任用,还被残忍杀害。是否能获得君主的任用要看时机,君子博学多识又深谋远虑却生不逢时的太多了!"

孔子说:"君子之学,非为通也,为穷而不困、忧而意不衰也,知祸福终始而心不惑也。"

孔子感叹,生不逢时的人有很多,哪里只有我孔丘一个人呢?再说,白芷兰草长在深山老林之中,并不会因为没有人欣赏就不散发香气了。君子学习并非为了显贵,而是为了在不得志的时候,不至于束手无策,在遇到忧患的时候,意志不至于衰退,为了知晓祸福死生的道理,内心不至于迷茫。

有德才还是没有德才，是人的素质问题；做还是不做，在于人自身。善良是一种选择，没有其他目的，而正因为它没有其他目的才如此高贵。我们常说，人生不如意十之八九，身处绝境，孔子依然不抱怨命运的不公，依然坚守自己的理想和初心，这或许正是孔子能成为圣人的原因。

荀子说："君子能为可贵，不能使人必贵己；能为可用，不能使人比用己。"君子可以做到让自己品德高尚，但是不能保证自己可以得到别人的尊重。君子可以做到能够让自己成为可用之人，但不能保证自己可以获得别人的任用。

选择做一个善良的人还是一个邪恶的人，是我们的主动选择，至于这种选择是否会带来好的结果，常常在我们控制之外。如果是因为有好的结果，我们才选择做一个善良的人，实际上反而降低了善良的分量。

孔子在《论语》里说：《诗经》三百篇，一言以蔽之就是"思无邪"三个字，意思就是思想纯正善良，没有邪念。有一天，弟子黄省问王阳明，为什么"思无邪"能概括《诗经》的三百篇呢？王阳明说，何止是《诗经》，包括《六经》和古代圣贤所说的话，也可以用"思无邪"这一句话来概括。

古往今来，伟大哲人们都把"至善"看成幸福，并将其作为自己的最高追求，不管是孔子、孟子、柏拉图，还是亚里士多德、培根或者康德，难道他们都在说谎吗？显然不是。

其实是我们搞错了因果关系，善良和不幸之间并非直接的因果关系。相反，善良才是通往持久幸福的必要条件。善良的人往往会吃亏，不是因为他们善良，而是因为资源、阶层、机遇、能力等因素；同样，一个不善的人也可能因为这些因素导致不幸。

你可以选择做一个善良的聪明人，也可以选择做一个不善的聪明人。

善良和聪明并不冲突，我们不能把不幸归咎于善良，导致不好结果的往往是随机的因素，如认知不足、思维偏见，或者人性的欲望等。我们不应该把不幸归于人性的善良，而应该努力提升自己的能力，发现机会，获取资源，做正确的决策，同时避免被邪恶的人利用，而这些都可以以善良为基础。谷歌就把"不作恶"作为自己的价值观，显然是一家"聪明"的公司。

善良永远没错，不要轻易否定善良的意义，不要把不好的结果归咎于善良，否定善良会扭曲你的价值观，而且也不能带来持久的幸福。我们永远都可以选择做一个善良的聪明人。

美：生活需要审美视角

有一次和睿之去游乐场玩游戏，在游戏结束之后，工作人员说你们可以挑选一份小礼物带回家。礼物有很多，水杯、铅笔盒、扇子、糖果袋子，等等。我说水杯挺好的，刚好家里刷牙的水杯坏了，要不选一个水杯带回家吧。睿之看了一会儿，想了想说："我要这包饼干。"于是，他拿起了一包小小的饼干，翻来翻去看了一会，心满意足地放进了书包里面。从游乐场出来之后，我有点好奇地问睿之为什么选择这包小饼干,是因为饿了吗?他说:"不是,是因为我看这饼干弯弯的,像月亮,很漂亮。"

小朋友的思维逻辑和成年人的思维逻辑不一样,在成年人眼里每个事物都有实用价值,我们会很自然地把有用等同于好。但是在小朋友眼中,这个世界并不仅仅是由一个个实用目的组成的,有用不一定等于好,小朋友喜欢一个事物可以仅仅因为它漂亮。

生活需要审美的视角,因为我们的生活不只是由价值、目的、实用、理性和逻辑构成,生活还应该是美好的。

什么是审美的视角?美学家朱光潜举过一个例子,他说有三个人分别是商人、植物学家、艺术家,他们看到同一棵古松时的态度和思维方式是不一样的。当商人看到这棵古松,会思考它可以做什么家具,可以卖多少钱等,商人是实用主义的态度。而植物学家看到一棵古松,会思考古松的材质构成、生长方式,甚至会去思考松树与周围生态环境的关系等,植物学家是科学主义的态度,是理论性而非实用性的。但艺术家看到古松则是以美学的态度或审美的视角,虽然他们都同时"看到"了同一棵古松,艺术家可能会观察到古松苍翠的颜色、盘曲如龙的线纹以及它傲然高举、不屈不挠的气概等。

商人、植物学家、艺术家看到同一棵古松,但是他们知觉的方式与思考的角度完全不一样:实用的态度、科学的态度与美学的态度。朱光潜老师区分了这三种态度:实用的态度以善为最高目的,科学的态度以真为最高目的,而美学的态度以美为最高目的。

真、善、美是我们看待世界的三个重要视角,这三个视角缺一不可,因为人性本来就是多方面的,"真、善、美"俱全才可以算真正完全的人。

　　人性中有生存安全的欲望，实用的态度是以满足人的欲望为目的，以善为最高标准。人性中也有好奇与求知的渴望，而科学的态度正满足了人求知的本性，以求真为最高标准。而人性中也有对美的精神追求，是一种精神上的渴望，而美学的态度可以满足这种渴望。

　　生命是一种活动，有的活动是以满足基本的生存安全而进行的，而有的活动是以更高的精神追求而进行的，比如哲学、科学和艺术。哲学家亚里士多德说："有的人活着是为了吃饭，而有的人吃饭是为了活着。"这两种人的人生是截然不同的。人之所以异于其他动物，就在于人在饮食之外还有更高的追求，美就是其中之一。人不仅仅是满足生存和物质欲望的动物，这也是我们的生活需要审美视角的原因。

　　美感与实用活动无关，美感不同于快感。口渴了，喝水就能得到了快感，如果喝冰可乐，那么快感可能会翻倍。但是美感经验是直觉的，而不是反省的，它没有强烈意志，没有实用目的，没有抽象推理。

　　后来，睿之也并没有吃掉这包小饼干，而是把它存放起来了，他说舍不得吃它，或许是因为他不想破坏这种美。

　　生活需要审美视角，当面对工作的压力、生活的苦恼，陷入实用性的目的的时候，当理性的追问无法获得答案的时候，我们可以切换到美学的视角，以一种非功利与非理性的方式去看待这个世界，或许会看到完全不一样的风景，就像法国雕塑家罗丹说的那样："生活从不缺少美，而是缺少发现美的眼睛。"

你，相信光吗？

"你相信光吗？"这是睿之小时候特别认真地问妈妈的一个问题，我们后来才知道这是奥特曼说的。它的寓意是，只要你心中有光，奥特曼就永远存在，奥特曼是小朋友心中永远的光。奥特曼就是他们心中"正义、勇敢、真、善、美"的代表。

柏拉图的《理想国》中也有一个关于"光"的精彩隐喻。柏拉图借苏格拉底之口说，眼睛认为自己能看清楚东西，觉得自己很厉害，直到失去了光的照耀。眼睛之所以能看到东西，不是眼睛本身厉害，而是因为有"光"，或者说因为有太阳。柏拉图说，在现象世界，太阳光跟视觉和可见事物的关系，正如在理念世界，善和理性与可知的事物的关系一样。

柏拉图把现象世界的太阳隐喻为理念世界的善，或者说善的理念就是我们心中的光。柏拉图说，在所有的理念中，"善"是最高的理念，也是最重要的理念，如果失去了"善"，就如同眼睛缺少了光，在现象世界，我们无法看清真实的事物，在理念世界，我们也无法区分真、善、美。

在王阳明的《传习录》中，学生问老师王阳明，学习你的学问最重要的是什么？王阳明说，是"立志"，而所谓立志就是"常存善念"，没有别的。王阳明的"常存善念"和柏拉图的"善的理念"不是一种道德要求，而是我们发现真实而美好世界的前提和基础。

所以，我们每一个成年人都应该问问自己：

"你相信光吗？"